JN098801

1つの定理を証明する 99 の方法

フィリップ・オーディング　冨永 星 訳

森北出版

●本書のサポート情報を当社Webサイトに掲載する場合があります．
下記のURLにアクセスし，サポートの案内をご覧ください．

https://www.morikita.co.jp/support/

●本書の内容に関するご質問は，森北出版 出版部「(書名を明記)」係宛
に書面にて，もしくは下記のe-mailアドレスまでお願いします．なお，
電話でのご質問には応じかねますので，あらかじめご了承ください．

editor@morikita.co.jp

●本書により得られた情報の使用から生じるいかなる損害についても，
当社および本書の著者は責任を負わないものとします．

■本書に記載している製品名，商標および登録商標は，各権利者に帰属
します．

■本書を無断で複写複製（電子化を含む）することは，著作権法上での
例外を除き，禁じられています．複写される場合は，そのつど事前に
(一社)出版者著作権管理機構（電話03-5244-5088，FAX03-5244-5089，
e-mail:info@jcopy.or.jp）の許諾を得てください．また本書を代行業者
等の第三者に依頼してスキャンやデジタル化することは，たとえ個人や
家庭内での利用であっても一切認められておりません．

アレクサンドラへ。
きみは一度も、そんなことは無理、といわなかった。

Contents

はじめに　vii

0
省略された
1

1
一行の
3

2
二列の
5

3
図による
7

4
初等的な
9

10
言葉抜きの
25

11
試験
27

12
定規とコンパス
29

13
背理法による
31

14
対偶による
33

20
定義による
45

21
黒板
49

22
代入による
51

23
対称性による
53

24
もう一つの
対称性による
55

30
公式による
73

31
反例による
75

32
もう一つの
反例による
77

33
微積分学による
79

34
中世の
81

40
帰納法による
97

41
新聞風の
99

42
解析的な
101

43
シナリオ風の
103

44
熟慮の末
省略された
109

50
色による
121

51
トポロジー的な
123

52
古色を帯びた
125

53
傍注付きの
129

54
樹状の
133

60
幾何学的な
145

61
現代風の
147

62
軸測投象的な
149

63
封筒の裏の
153

64
研究セミナーでの
155

70
もう一つの
中世の
169

71
ブログによる
173

72
英語以外の
言語による
177

73
英語以外の
別の言語による
179

74
英語以外の
さらに別の言語による
181

80
偏執狂的な
197

81
狂詩風の
199

82
矛盾による
201

83
親書による
203

84
表による
205

90
逆行による
223

91
神秘主義的な
225

92
査読された
227

93
新造語を用いた
229

94
権威に
寄りかかった
231

5
パズル風の
11

6
公理的な
13

7
発見された
19

8
必修科目風の
21

9
単音節の
23

15
行列による
35

16
古代の
37

17
解釈された
39

18
ギザギザの
41

19
専門用語による
43

25
開かれた協働
59

26
聴覚による
65

27
アルゴリズム的な
67

28
フローチャート
による
69

29
模型による
71

35
活字組みによる
85

36
ソーシャル
メディア
89

37
予稿による
91

38
式の列挙による
93

39
折り紙
95

45
口頭での
111

46
キュートな
113

47
気の利いた
115

48
コンピュータを
用いた
117

49
部外者による
119

55
前置記法による
135

56
後置記法による
137

57
電卓による
139

58
発明家の
パラドックス
141

59
特許風の
143

65
お茶の時間
157

66
手振りによる
161

67
近似による
163

68
文章題
165

69
統計的な
167

75
計算尺を使った
187

76
実験的な
189

77
モンテカルロ法
による
191

78
確率的な
193

79
直観主義的な
195

85
取り尽くしによる
207

86
もう一つの
代入による
209

87
力学的な
213

88
対話による
215

89
独白による
219

95
一人称による
233

96
静電気学による
235

97
サイケデリックな
237

98
語呂合わせ
241

99
指示による
243

最後に 245
謝辞 247
訳者あとがき 249
原注 251
参考文献 263
証明索引 271
人名索引 273

　1610 年 4 月 9 日、ガリレオの『星界の報告』の新刊見本を受け取ったヨハネス・ケプラーは、すぐにファンレターを書いた。「自分自身の経験という支えもなしに、何のとまどいもなくあなたの主張を受け入れるわたしは、きっと無謀に見えるでしょう。ですが、もっとも造詣の深い数学者を信じずにおられましょうか。その様式（スタイル）そのものが、その方の判断が健全であることの裏付けとなっておりますのに」と認（したた）めたのである[1]。わたしたち現代人には、数学者の業績を様式の観点から捉える習慣がない。たしかに証明は論証の一つの形ではあるが、証明された定理の真偽が、証明の様式はもちろんのこと、たかがレトリックの特徴ごときに左右されるとは思えない。科学の普遍的な言語である数学には、記号による表記や抽象性や論理的な厳密さによって特徴付けられた「数学的様式」という一つの様式が存在する、ということが広く常識として受け入れられているのだ[2]。

　この本は、そのような数学の概念の捉え方への異議申し立てである。アルス・マテマティカ〔ars mathematica、中世の大学における数学の総称で、算術・幾何・天文・音楽の四科を指す言葉〕が普遍的で単一なものである、という信念が生まれたのにはちゃんと理由があるが、だとしても、ほんの少し内省するだけでいくつかの基本的な疑問が浮かんでくる。「その」数学的様式は、いったいどこから来たのか。その様式は、数学に関する知識が増えるにつれて、どのように展開してきたのか。その様式は、どのような機会を開き、あるいは閉ざすのか。その様式の力は、数学の書き方、ひいては読み方が変わるにつれてどのように進化してきたのか。その様式には、表現や認識や想像の点でどのような力があるのか。

　これらは本質的に、数学の著作全体、つまり文献に関する問いである。しかし、この大きさの本でそれらの「文献」——具体的には、代数学から幾何学、数論から物理学、論理学、統計学に至る広範なテーマに関する、バビロニアの青銅器時代の粘土板から今日のピアレビューによる雑誌や電子版の予稿に至るまでの膨大な資料の集合体——を調べることはどう見ても不可能だ。そこでここでは、レーモン・クノーの『文体練習』に基づくやり方で、数学の断面図を記述していく。クノーは 1947 年に刊行されたこの文学作品で、まったく同じ単純な物語——まずバスのなかで言い争っているところを目撃され、それから友人とコートのボタンの位置について話している姿を目撃された一人の男の物語——を題材とし、その物語に 99 通りのやり方で手を加えている。文体、つまりスタイルをめぐるこれらの練習を通じて、さまざまな形の散文や詩や談話、さらには擬音やラテン語もどきや、2、3、4、5 文字の群による置換といったより衝撃的なこじつけを作りあげているのである。著作家であり詩人であるだけでなく、プロではないが数学者でもあったクノーは、数学史家のフランソワ・ル゠リヨネとともにウリポ（Oulipo）という実験的な著作グループを立ち上げた。主としてフランス語を使う著作家が集うこのグループの Oulipo という名前は、Ouvroir de Litérature Potentielle〔潜在的文学工房〕

の頭字語で、ジョルジュ・ペレック、イタロ・カルヴィーノ、マルセル・デュシャン、ジャック・ルーボー、クロード・ベルジュ、ミシェル・オーディンといった著作家や芸術家や数学者が参加し、数学からヒントを得た規則や制約が文学にもたらしうる可能性の探求を標榜していた[3]。わたしはウリポとクノーの著作のことを知るやいなや、書き方に制限が加わることで数学的な記述——すなわち証明——にどのような影響が及ぶのかが知りたい、と思った。

　わたしがこの本のテーマに据えたのは3次方程式と呼ばれる代数方程式で、各章では、その解を巡るまったく同じ、些細ともいえそうなごく小さな定理が証明される。「16　古代の」から「61　現代風の」までの証明の多くは、3次方程式に関する数学の文献に登場しており、極端な例としては、古い文献から取ってきたことが歴然としている「7　発見された」証明がある。実際この証明は、ルネサンス期の代数に関する有名な論文から取ってきたものなのである。そうはいってもたいていは、そうとうな工夫や解釈を施す必要があった。一つには、「6　公理的な」や「96　静電気学による」の物理学に基づく証明のように、そこでの様式自体が3次方程式の観点から見ると周辺に位置する分野で作られていたからだ。「26　聴覚による」の楽譜や建築に関する「62　軸測投象的な」のように、数学とはかけ離れた分野から様式を持ち込む場合には、さらに大胆な解釈が必要だった。

　これらの証明のなかには、厳密さに関する独特の水準を満たしているものもあれば、今日の証明の水準には満たないものもあり、なかにはまったく目的が異なるものもある。

　一つひとつのバージョンはおおむね1ページに収まっていて、裏のページには短い考察があり、その証明の細かい説明や出典に関する情報、それぞれの様式の性質や意味に関する筆者自身のコメントが載っている。関連するバージョンへの相互参照を使えば、読者のみなさんも、筆者による独自の章立てから踏み出して、この本のなかにご自分の道を見つけることができるはずだ。

　これは、3次方程式についての数学の論文ではなく、ここでテーマとした3次方程式も、ほぼ適当に選ばれたといってよい。章のタイトルから歴史的な筋立てを感じ取る方もおいでだろうが、これは数学史の本ではない。さらに、中身や様式の存在論的位置づけについて論じている箇所もあるが、決して哲学の著作ではない。これは数学についての著作、数学の態度や規範や展望や実践、要するに数学の文化に関する著作なのだ[4]。

　数学的証明の比較研究では、じつはこれまでにもさまざまな形で内容と様式の関係が論じられてきた。1938年にはH. ペタールが「猛獣狩りの数学的理論への一貢献」という論文を発表しており、ライオン捕獲問題への現代数学および物理学の38通りの応用例を紹介している[5]。今回この作品をまとめている最中に、さらに二つ、クノーの『文体練習』の数学版が見つかった。リュドミラ・デュシェーヌとアニエス・ルブランによ

る『Rationnel mon Q〔わが理知的なQ〕』と、ジョン・マクリリーによる『Exercise in (Mathematical) Style〔(数学) 文体練習〕』である。これらの作品にはむろんある程度の重複があるが、それにしても、様式の研究自体がこれほどまでにバラバラな様式を持っているのは驚くべきことだ。そしてこの事実そのものが、クノー自身の作品の基本前提が持つ力を裏付けているのである。

　もっとも造詣の深い数学者ガリレオの様式の、いったいどこが際立っていたのだろう。「彼にとってのよい思考とは、迅速で、推論が敏捷で、論点に無駄がなく、それでいて創造的な例を用いる思考である」[6] とイタロ・カルヴィーノは記している。ウリポのメンバーだったカルヴィーノがガリレオ様式のもっとも明晰な申し立てとして挙げたのは、1623年に発表された『贋金鑑識官』の次の一節だった。ガリレオはその一節で、ひたすら権威に頼って議論を続けようとする敵をとがめ、次のように断言している。「だが議論は、運ぶことではなく、走ることと同じなのである。バレベリア地方産の駿馬は、フリージア産の馬百頭よりも速く進むことができる」[7]。カルヴィーノはこれを、ガリレオの「信仰宣言——思考方法としての、また文学的嗜好としての様式への信仰の宣言」としている[8]。筆者自身も、ここではこの信仰を保とうとした。

　この企画を立ち上げた動機はただ一つ、文学的媒体、審美的媒体としての数学を概念化するところにある。数学の専門家たちが美学の言葉を用いて己の業績を記述してきたことを示す証拠は、それこそ枚挙に暇がない。しかし彼らが使う言葉は、少なくとも 公 [おおやけ] にはかなり限られている。頻繁に繰り返されている「美しさ」や「優美さ」は、おそらく数学的な嗜好の重要な要素なのだろう。けれどもこれらの言葉からは、数学的な嗜好がいかに広くて微妙か、数学的な嗜好が数学以外の文学的・美的経験とどう関係しているのかといったことは伝わってこない[9]。ここに挙げた99個の（いや、「0 省略された」をほかの証明と同等に扱うと、100個の）証明は、数学に風味や調子を加味している素材、論理や言い回しや想像力や、果ては活字に至るまでのさまざまな素材の差を浮き彫りにするためのものなのだ[10]。願わくば、ここで取り上げている事柄に関してほとんど、あるいはまったく素養を持たない読者の方々にも、これらの様式の違いを感じていただけますように。この本に挙げられている例を追ってページをめくり、少し手を止めて、自分の感覚に良くも悪くも引っかかった証明をしげしげと眺め、まったく引っかかりがない例は気楽にスルーするだけでもかまわない。そしてさらに深掘りしたい方々は、きっとこの作品自体が数学ゲームであることに気づかれるはずだ。いずれにしても、読者のみなさんにこの本を手渡すことで、数学をさらに生き生きしたものにできれば、筆者の当初の目的は果たされたことになる。

定理 もしも $x^3 - 6x^2 + 11x - 6 = 2x - 2$ が成り立てば、$x = 1$ か $x = 4$ である。

証明 省略 □

0

省略された

Omitted

省略された

そもそもなぜ、証明なんかに頭を悩ませるのか。著者が証明をあからさまに省略するのには、さまざまな理由がある。その一つが美学で、大学学部生向けの抽象代数の標準的な教科書には、「この命題の証明にはまったく面白い特徴もなく、見た感じが悪いから省略」と書かれていたりする[11]。解説を主眼とする本では、読者はこのような省略を許す場合が多い。しかしそれでも、そこに書かれている数学を鵜呑みにするかどうかについては慎重であるべきだ。

見た感じがよいか悪いかはさておき、証明に取り組む前に、命題の二、三の特徴に注目するだけの価値はある。

今与えられているのは、いくつかの数と一つの未知の変数 x とその平方である x^2、その立方の x^3 を用いた代数方程式である。これはつまり、次元が 3 の多項式、または単に 3 次方程式と呼ばれるものだ。この式を標準的な形にするには、すべての項を片方に寄せて、$x^3 - 6x^2 + 9x - 4 = 0$ とすればよい。これが第一の特徴で、今から紹介するいくつかの証明では、このような標準化が出発点となっている。

だが、じつはこれは二つ目の特徴であって、この定理の第一の特徴は、x が何なのかをいっさい語っていないという点にある。数学の素養のある読者のなかには、証明が省略されていることを許す人もいるだろう。しかし、領域を特定しないで変数を持ち込むことは、広く「省略の罪」として非難される。なぜかというと、それによって曖昧さが生じるからだ。しかしここでの様式(スタイル)の探求という目的からいうと、そのような曖昧さはアメリカの哲学者兼詩人のエミリー・グロスホルツがいう「ひじょうに生産性の高い曖昧さ」になる[12]。

最後に、より数学的で面白い特徴として、この 3 次方程式には解が二つしかない。もしもみなさんが 2 次方程式の公式やその ± の符号を忘れておられないのであれば、2 次方程式に根が二つあるということを覚えておいでだろう。じつは 3 次方程式にも——わたし自身はいまだかつて暗記したという人にお目にかかったことがないのだが——解の公式というのがあって(「30 公式による」を参照)、その公式を使うとどんな 3 次方程式でも三つの解が得られる。この方程式には三つ目の異なる解がないので、専門用語では「退化した例」と呼ばれている。

定理 x を実数とする。もしも $x^3 - 6x^2 + 11x - 6 = 2x - 2$ が成り立てば、$x = 1$ か $x = 4$ である。

証明 引き算により $x^3 - 6x^2 + 9x - 4 = 0$ となり、$(x-1)^2(x-4) = 0$ と因数分解される。 □

　数学者も詩人と同じように、しばしば節約に励む。この一行の証明は、いわば単行詩である。従来証明の終わりを示す記号とされてきた、quod erat demonstrandum〔それは示された〕の省略形、QED ですら現代の標準から見ると冗長ということになり、その代わりに墓石のような□を据える。この記号は、ハンガリー出身のアメリカ人数学者ポール・ハルモスが初めて数学の論文で使ったことから、「ハルモス」とも呼ばれている。節約は、証明に留まらず、より大規模な業績にまで広がる理想なのである。以前アメリカ数学会誌 Bulletin of the American Mathematical Society に、二人の数論学者による研究記事が掲載されたことがあるが、その記事はたった二つの文からなっていた[13]。おそらく二人の著者は、一つの文を巡る合意に至らなかったのだろう。

　ここにある一行はいささか謎めいているが、少なくとも、読者に実際に行うべきことを指示している。ほら、まず同じような項を組み合わせてご覧なさい、さあ、共通の因子で割ってみるんですよ、というふうに。

仮定 $x^3 - 6x^2 + 11x - 6 = 2x - 2$、ただし、$x$ は実数である。

証明すべきこと $x = 1$ あるいは $x = 4$

申し立て	理由
1. $x^3 - 6x^2 + 11x - 6 = 2x - 2$	与えられているから
2. $x^3 - 6x^2 + 11x - 6 + 2 = 2x - 2 + 2$	等式の足し算の性質による
3. $x^3 - 6x^2 + 11x - 4 = 2x$	足し算による
4. $x^3 - 6x^2 + 11x - 4 - 2x = 2x - 2x$	等式の引き算の性質による
5. $x^3 - 6x^2 + 9x - 4 = 0$	引き算による
6. $x^3 - (1+5)x^2 + (5+4)x - 4 = 0$	足し算による
7. $x^3 - x^2 - 5x^2 + 5x + 4x - 4 = 0$	分配法則による
8. $x^2(x-1) - 5x(x-1) + 4(x-1) = 0$	因数分解による
9. $(x^2 - 5x + 4)(x-1) = 0$	足し算による
10. $[x^2 - (1+4)x + 4](x-1) = 0$	分配法則による
11. $(x^2 - x - 4x + 4)(x-1) = 0$	因数分解による
12. $[x(x-1) - 4(x-1)](x-1) = 0$	因数分解による
13. $[(x-4)(x-1)](x-1) = 0$	ゼロ積の性質による
14. $x - 1 = 0$ あるいは $x - 4 = 0$	等式の足し算の性質による
15. $x - 1 + 1 = 1$ あるいは $x - 4 + 4 = 4$	足し算による
16. $x = 1$ あるいは $x = 4$	証明終わり

　アメリカの高校生にはおなじみのこのスタイルは、理解するためのモデルとしてではなく、楽に成績をつけるために作られたと考えて、まず間違いない。この前の証明にさらに15行付け加わったからといって、それだけ洞察が深まったわけではない。たとえ、左側に書かれている実際の証明の手順と右側に書かれているその正当化が一本の垂直線で分かれているおかげで、こちらが大いに安心したとしても。

　そのうえ論理的にすべてが透けて見えるようになった代わりに、修辞的には犠牲を払うことになった。この二列方式に従おうとする生徒は、文法は言うに及ばず、スタイルのことも気にする必要がなくなる。ミシガン大学の教育学と数学の教授、パトリシオ・ヘルブストによると、この二列証明の意図はそこにある。ヘルブストは「アメリカの学校幾何学における証明習慣の確立：20世紀初頭の二列証明の発展」で、次のように述べている。

　　生徒たちは、こうして幾何学の教科書の論証を暗記することに慣らされてきた。幾何学が可能にした精神の鍛錬は、どこかに消えたのだ。幾何学がその職務を全うするには、教育を変える必要があった……［二列形式が］生徒たちに「客観的な」表現を与え、それによって、基本的な命題を証明することと証明練習の答えを出すこと、この二つのまったく異なる活動の類似点をなめらかに認識することができるようになったのである[14]。

　さらに精巧な二列証明については、「18　ギザギザの」を参照のこと。

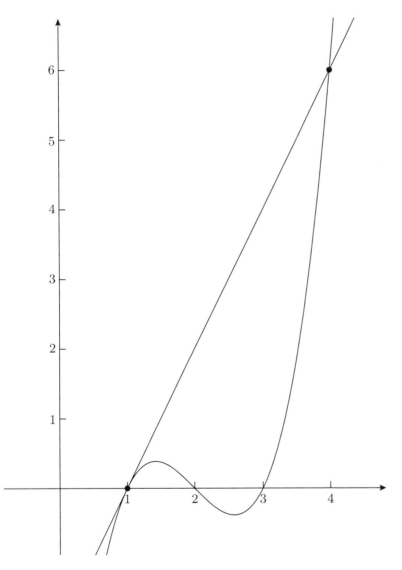

図 3 次式 $y = x^3 - 6x^2 + 11x - 6$ と直線 $y = 2x - 2$ の二つの交点は、$(1, 0)$ と $(4, 6)$ である。

図による

　物理学の同僚に、冒頭の何十個かの証明の原稿を見せたところ、相手は、まさにこれこそが証明だと断言した。彼は、ある意味正しかった。元々わたしはこの申し立てを、二つのグラフの交点に関する主張として思いついたのだから。

　ところがほとんどの数学者の基準に照らすと、この「実際に目で見る証明」には証明たる資格が欠けている。どうすれば、この曲線がまさにこの二つの点で交わることを確かめられるのか。図に描かれていない外側の部分はどうなっているのか。前にフランスの幾何学者、エティエンヌ・ギが話していたことを思い出す。ブルバキのセミナー（「6　公理的な」のコメントを参照されたい）で図を書きながら幾何学的構成に関する話をしたところ、その後でフィールズ賞受賞者の高名な数学者ジャン＝ピエール・セールがやってきて、こういったという。「きみの話はなかなか面白かった。で、一つ質問があるんだが。きみは、これが定理だと考えているのかい？」[15]。そうはいっても、このようなコンピュータによる図や「12　定規とコンパス」の図や「21　黒板」のスケッチは、数学を発見したり伝えたりする際の有効なツールである。

命題　x が実数で、$x^3 - 6x^2 + 11x - 6 = 2x - 2$ が成り立てば、$x = 1$ か $x = 4$ である。

証明　次元が 3 のこの方程式を標準形に直すと、$x^3 - 6x^2 + 9x - 4 = 0$ となる。1 次の項 $9x$ を $5x + 4x$ という和に展開すると、左側に共通因子が現れる。

$$(x^3 - 6x^2 + 5x) + (4x - 4) = (x^2 - 5x)(x - 1) + 4(x - 1)$$

そこで $x - 1$ という因子を括り出すと、残りは 2 次式になって、この式も容易に因数分解できる。

$$(x^2 - 5x + 4)(x - 1) = (x - 4)(x - 1)(x - 1)$$

この方程式の右辺はゼロだから、二つの因子 $(x - 1)$ か $(x - 4)$ のいずれかがゼロでなければならない。したがって $x = 1$ か $x = 4$ である。

4

初等的な
Elementary

初等的な

　証明の方法を簡潔にすることは、形を簡潔にするという意味でも重要である。わたしが理解する限りでは、初等的な証明とは、その証明で使われている言葉から見て、その命題が属している分野で基本的とされる技法のみに基づいていると判断される推論のことである。この意味で、初等的な証明は、数学的な推論にとって自然に生じる制約だといえる。このほかの推論の形や方法については、たとえば「13　背理法による」や「22　代入による」を参照されたい。

　数学のカリキュラムを作る人や教科書の著者は、学生がこの意味での初等的な問題のみに触れる形で教材を組もうとすることが多い。数学そのものがまったく同じ論理パターンに従って発展してきた、という思い込みが広まったのは、どうやらこのせいであるらしい。この思い込みに対する反例として、たとえば素数定理がある。これは、素数が大きくなっていったときに、素数の間のギャップの平均がどれくらい大きくなるかを述べた定理で、それ自体は数論の分野に属する。ところがこの定理の数論的証明が発見されたのは 50 年も後のことで、しかも最初は複素解析の手法で証明された。

　数学を記述する際の初歩的なスタイルなるものが、果たして存在するのだろうか。もし存在するとしたら、それをもっともうまく捉えたのは、著名なハンガリーの数学者にして教育家ジョージ・ポリアだろう。

　　スタイルに関する規則：その一、何か語るべき内容があること。その二、たまさか二つのことを語りたいのなら、自分を律すること。決して一度に二つ述べることはせず、まず一つを述べてから、もう一つを述べること[16]。

連続する四つの数があり、最初の三つの積が 3 番目の数の 2 倍と等しいとする。このとき、4 番目の数は何か。

答え 4

パズル風の

　おそらくまず頭に浮かぶのは、「どうして方程式のことなんか気にするの？」という疑問だろう。心配しなくちゃいけないもっと深刻なことがほかにいくらでもあるのに。アメリカの数学者アンダーウッド・ダドリーは「数学は何のためにあるのか」という論文で次のように述べている。「数学では、推論を使えば問題が解け、その答えも確認できて、正しいということを示せる……数学教育はそのためにあるのであって、これまでもずっと、推論を教えるために存在してきた。通常は、馬鹿げた問題を通じて」[17]。

　「68　言葉による」、別名文章題は、おそらく数学教育のなかでも、馬鹿げた問題が存在することがもっとも歴然としている分野だろう。

　このパズルの答えがわたしたちの方程式の解になること（あるいはならないこと）を確認するために、この問題の4番目の数をxとしてみる。するとその前の連続する三つの数は（それらが整数だとすると）、大きさの順番に$x-3$、$x-2$、$x-1$となる。それらの積が3番目の数の2倍と等しいから、$(x-3)(x-2)(x-1) = 2(x-1)$が成り立つ。これらの数を掛け合わせるとめちゃくちゃな式になるが、それを整理すると「0　省略された」の式になる。

6

公理的な
Axiomatic

記号法

ゼロとイチは数であり、各々 0、1 で表される。数 x と y の「和」は、x と y を足したもので、$x + y$ で表される。それらの「積」は、x と y を掛けた結果で、$x \times y$、あるいは xy で表される。数 x と y が同じであるとき、この二つは「等しい」といい、$x = y$ という方程式で表される。

定義

1. 2 から 11 までの数は、$2 = 1 + 1$、$3 = 2 + 1$、……、$11 = 10 + 1$ という和で定義される。
2. 数 x の「足し算の逆数」は $-x$ であり、$x + (-x) = 0$ が成り立つ。
3. 二つの数 x、y の「差」は $x - y$ で表され、$x + (-y)$ という和で定義される。
4. 数 x の「平方」とは x とそれ自身の積であって、x^2 で表される。
5. 数 x の「立方」とは x とその平方の積であって、x^3 で表される。

公理

6. ある命題 P が与えられたとき、もしも P または P なら、P である。
7. あらゆる数 x と y について、$x = y$ なら $y = x$ である。
8. あらゆる数 x、y、z について、x が y と等しく、y が x と等しければ、x と z は等しい。
9. すべての数 x と y および等式 E について、x が y と等しければ、E の真理値を変えずに、E に含まれるすべての x を y で置き換えることができる。
10. もしも x と y が数なら、$x + y$ と $x \times y$ も数である。
11. すべての数 x、y、z について、x が y と等しければ、$x + z$ という和は $y + z$ と等しく、$x \times y$ という積は $y \times z$ と等しい。
12. すべての数 x、y について、和の順序を入れ替えた $x + y$ と $y + x$ は等しく、積の順序を入れ替えた $x \times y$ と $y \times x$ も等しい。
13. すべての数 x、y、z に対して、これら三つの和 $(x + y) + z$ と $x + (y + z)$ は等しく、これら三つの積 $(x \times y) \times z$ と $x \times (y \times z)$ も等しい。
14. x、y、z が数であれば、x と $y + z$ という和の積は、$x \times y + x \times z$ という積の和と等しい。
15. 数 1 は数 0 と等しくない。
16. すべての数 x について、$0 + x$ という和は x と等しい。
17. すべての数 x について、$1 \times x$ という積は x と等しい。
18. すべての数 x について、足し算のただ一つの逆数 $-x$ が存在する。
19. すべての数 x、y について、$x \times y = 0$ であれば、$x = 0$ か $y = 0$ である。

公理的な　　　　　　　　　　　　定理

20. すべての数 x、y、z について、$x = y$ なら $x - z = y - z$ である。

21. すべての数 x について、$x - x = 0$ である。

22. すべての数 x について、$0 \times x = 0$ である。

23. すべての数 x、y について、$(-x)y = -(xy) = x(-y)$ である。

24. すべての数 x について、$-(-x) = x$ である。

25. すべての数 x、y、z について、$x(y - z) = xy - xz = (y - z)x$ である。

26. すべての数 x、y、z、w について、$(x - y)(z - w) = xz - xw - yz + yw$ である。

27. すべての数 x について、$x + x = 2x$ である。

28. すべての数 x、y について、$-(x + y) = -x - y$ である。

29. $-2 + (-4) = -6$ である。

30. $1 + 4 \times 2 = 9$ である。

31. すべての数 x について、$(x - 1)^2 = x^2 - 2x + 1$ である。

32. すべての数 x について、$(x - 1)^2(x - 4) = x^3 - 6x^2 + 9x - 4$ である。

33. すべての数 x について、$x^3 - 6x^2 + 9x - 4 = (x^3 - 6x^2 + 11x - 6) - (2x - 2)$ である。

34. すべての数 x について、$x^3 - 6x^2 + 11x - 6 = 2x - 2$ であれば、$x = 1$ か $x = 4$ である。

　　　証明　x を数だとする。

定理 33 より	$x^3 - 6x^2 + 9x - 4 = (x^3 - 6x^2 + 11x - 6) - (2x - 2)$	(1)
仮定より	$x^3 - 6x^2 + 11x - 6 = 2x - 2$	(2)
公理 10 より	$2x - 2$ は数である。	(3)
公理 9、(1)、(2)、(3) より	$x^3 - 6x^2 + 9x - 4 = (2x - 2) - (2x - 2)$	(4)
定理 21、(3) より	$(2x - 2) - (2x - 2) = 0$	(5)
公理 8、(4)、(5) より	$x^3 - 6x^2 + 9x - 4 = 0$	(6)
定理 32 より	$(x - 1)^2(x - 4) = x^3 - 6x^2 + 9x - 4$	(7)
公理 8、(7)、(6) より	$(x - 1)^2(x - 4) = 0$	(8)
公理 19、(8) より	$(x - 1)^2 = 0$ または $(x - 4) = 0$	(9)
定義 4、(9) より	$(x - 1)(x - 1) = 0$ または $x - 4 = 0$	(10)
公理 19、(10) より	$x - 1 = 0$ または $x - 1 = 0$ または $x - 4 = 0$	(11)
公理 6、(11) より	$x - 1 = 0$ または $x - 4 = 0$	(12)
定義 3、(12) より	$x + (-1) = 0$ または $x + (-4) = 0$	(13)
公理 11、(13) より	$x + (-1) + 1 = 0 + 1$ または $x + (-4) + 4 = 0 + 4$	(14)
定義 2、(14) より	$x + 0 = 0 + 1$ または $x + 0 = 0 + 4$	(15)
公理 16、(15) より	$x = 1$ または $x = 4$	(定理)

公理的な

　ドイツの有力な数学者ダーフィト・ヒルベルトは、公理的なアプローチに関するもっとも簡潔な記述を残している。「ある具体的な理論をさらによくよく考えてみると、構成された概念の枠組みの裏に、決まっていくつかの知的分野の際だった命題が隠れていることがわかる。そしてそれらの命題は、論理的な原則に従って独力で枠組み全体を構築するに十分なのである」[18]。この証明の基になっているのは、1889 年にイタリアの数学者ジュゼッペ・ペアノがまとめた、「Arithmetices principia, nova methodo exposita〔新しい手法で提示された算術の原理〕」である[19]。問題の定理は一連の定理の最後で証明されており、それらの定理の一つひとつが、すでに提示された一つ以上の公理や定義や定理に基づいている。正確な定義というには素朴すぎる表現は、単なる「記号法」とみなされる。$1 + 4 \times 2 = 9$ のような単純な等式を定理とみなすのは馬鹿げていると思われるかもしれないが、これもまた、言明された公理から論理的に演繹できる結果なのである[20]。

　知識を組織化して論理的な階層を作っていく公理的手法は、少なくともユークリッドまで（「52　古色を帯びた」を参照）その起源をさかのぼることができるが、近代になって公理系は新たな特徴を備え、ひどく目立つようになった。ニコラス・ブルバキというペンネームで執筆活動を行っていた若き数学者集団が、ヒルベルトや著名な代数学者エミー・ネーターに触発されて、現代の公理様式に則って数学という学問の膨大な領域を組織化しようとしたのだ[21]。ブルバキが 1948 年に発表した「数学の構築術」というマニフェストには、ブルバキの展望が語られている（下線は筆者）。

> ゆえに公理的な観点に立つと、数学は抽象的な形、すなわち数学的な構造など……の倉庫のように見える。むろんこれらの形のほとんどに、元来ひじょうに明確な直感的内容があったことは否定できない。しかし、まさに<u>この内容をわざと放り出すことによって</u>、これらの形がさまざまなことを示しうるようになり、新たな解釈に備えられるようになったのだ[22]。

これはいかにも厚かましい言いようだが、それはさておき、このような形式主義的プログラムにはとうてい従えない、と感じた人がいたことは想像に難くない。数学者にして哲学者のジャン゠カルロ・ロタは 20 世紀の終わりに、ブルバキのアプローチがもたらしてきた恩恵を十分認めたうえで、次のように述べている。

> 数学の公理的手法による提示がもたらす熱狂は、わたしたちの時代にピークに達した……表記の一貫性や議論の簡潔さや推論のわざとらしい線形性などの特殊な慣習ゆえに、明晰さが犠牲にされてきたのだ。数学とは公理的方法であって、それ以上でも以下でもないというふりをしようとする数学者がきっと出てくるのだろう。数学とその提示様式とを同一視するこのような主張は、ほかの分野の科学者たちの数学に対する見方を蝕んでいる[23]。

その他の数学者たちは、わたしたちが形式主義に頼りすぎたことの代償を数学自体が払っているということに気づくのである。「33　微積分学による」のコメントを参照されたい。

linquitur 1 ,cuius ℞ cubicam quæ est 1 ,detrahe ex 2, тp̄q̄d. relinqui-
tur 1 ,rei æstimatio.

Quòd si numerus positionum', maior sit producto ex numero
quadratorum in sui partem tertiam,differentia erit numerus rerum,
ut in prima demonstratione,& suis regulis , hunc duc in тp̄q̄d. & ei
adde cubum тp̄q̄d. & huius aggregati , numericȝ æquationis diffe-
rentia,est numerus æquationis cubi, & talium rerum differentia , si
nulla sit,æstimatio rei est тp̄q̄d.Et si numerus æquationis est minor
aggregato, æstimationem inuentam minue, & si maior,adde тp̄q̄d.
quod fiet,erit rei æstimatio.Exemplum,cubus & 20 res,æquantur 6
quadratis & 24,ducto 6 in 2,tertiam partē sui,fit 12,cuius differen-
tia à 20,numero rerum,est 8,numerus rerum, quæ cum cubo æquan-
tur numero,duc igitur 8 numerum rerum,in 2 тp̄q̄d. fit 16 , adde ei
8,cubum тp̄q̄d.fit 24,differentia cuius nulla est à 24 numero æqua-
tionis,igitur æstimatio rei est тp̄q̄d. scilicet 2,sit rursus cubus cū 20
rebus,æqualis 6 quadratis & 15,habebimus igitur,ut prius, cubum
& 8 res,pro numero,duc ut prius,8 numerum rerum posteriorem in
2 тp̄q̄d. fit 16,adde cubum тp̄q̄d. fit 24,abijce 15,relinquitur 9, igi-
tur cubus & 8 res,æquatur 9,& rei ęstimatio est 1,quod minue ex 2,
тp̄q̄d.relinquitur uera æstimatio rei 1, minuisti autem , quia 15 nu-
merus æquationis,est minor aggregato cubi & producti, quod est
24,& si bene animaduertis, eodem modo fit in prima parte regulæ,
quando numerus rerum æqualis est producto ex numero quadrato-
rum in sui partem tertiam.Rursus,cubus cum 20 rebus,æqualis sit 6
quadratis p: 33,habebis itacȝ cubum,ut prius,& 8 res,æquales diffe-
rentiæ 24 aggregati,& 33 numeri æquationis,quare cubus & 8 res,
æquabuntur 9,& æstimatio rei erit 1,addendum тp̄q̄d. quia nume-
rus æquationis 33,est maior numero aggregato 24 , quare rei æsti-
matio erit 3.

Quòd si numerus positionum , minor sit producto ex numero
quadratorum in sui tertiam partem,differentia nihilominus erit nu-
merus rerum,ut prius,sed hæ non copulabuntur cubo, imò erunt ei
æquales,deinde duc ipsum numerum rerum posteriorum , in тp̄q̄d,
& productū iunge numero æquatiōis,huius aggregati & cubi тp̄q̄d.
differentia est numerus æquationis secundæ,si igitur differentia nul-
la est,cubus æquabitur rebus, & ℞ quadrata numeri rerum addita
тp̄q̄d.est æstimatio rei,quod si aggregatum sit maius cubo,erit diffe-
rentia,numerus qui cū rebus ęquatur cubo,inde habita æstimatione,
adde ei тp̄q̄d. & fiet uera æstimatio. Quòd si cubus fuerit maior ag-
gregas

gregato, differentia erit numerus, qui cum cubo æquatur rebus, inde
habita æstimatione, adde ei τpq̃d. quod conflatur, est rei uera æstima
tio,& tam multiplex habenda, ut in nostra regula docuimus , quanq̃
quod ad regulam pertinet,& hæc nostra sit.Exemplũ igitur , Cubus
& 9 res, æquales sint 6 quadratis p:2,tunc numerus rerum secundus
erit 3,duc in 2,τpq̃d. fit 6,adde ad 2 numerum æquationis, fit 8, cu
bus autem τpq̃d.est 8,differentia nulla , igitur cubus æquatur 3 re
bus,res igitur est ℞ 3,& rei æstimatio 2 p:℞ 3. Rursus,cubus p:9 re
bus, æqualis sit 6 quadratis p:4,habebimus ut prius,cubum æq̃lem
3 rebus,pro numero duc 3 numerum rerum posteriorem in 2 τpq̃d.
fit 6,adde 4,numerum æquationis, fit 10,abijce 8.cubum τpq̃d. fit 2,
addendus rebus,quia aggregatum est maius cubo τpq̃d. igitur cu
bus æquatur 3 rebus,p:2,& res erit 2,addito 2 τpq̃d. fit 4,uera æst
matio. Iterum, sit cubus p:21 rebus, æqualis 9 quadratis p: 5, erunt
igitur 6 res in posteriore æquatione,quia 9 numerus quadratorum,
ductus in 3,tertiam sui partem,producit 27,duc igitur 6 numerum
posteriorem rerum,in 3, τpq̃d. fit 18,adde ei 5,fit 23, differentia cu
ius à numero producto ex cubo c τpq̃d.est 4 , & quia aggregatũ est
minus cubo,ideo cubus & 4,æquabuntur 6 rebus , æstimatio igitur
est 2 , uel ℞ 3 m:1 , & ficta ℞ 3 p:1,quæ est m:si igitur his addas 3
τpq̃d. habebis æstimationes quæsitas 5,& 4 p:℞ 3,& 2 p:℞ 3,in ha
rum qualibet uerum est,quod cubus & 21 res , æquales sunt 9 qua
dratis & 5 numero.

De cubo & quadratis,æqualibus rebus & numero.
Caput XIX.

DEMONSTRATIO.

It etiam cubus A B,& 6 quadrata , æq̃lia 20 rebus p: 200,
gratia exempli,& ponemus B C 2, τpq̃d. erit igitur A C res
p:2,& eius cubus,erit cubus & 6 quadrata,& 12 res,& 8
iam autem suppositum est, quod cubus A B & 6 quadrata,
sint æqualia 20 rebus p:200,igitur ponantur,20 res & 200, loco cu
bi,& 6 quadratorum,& fiet cubus A C,æqualis 32 rebus p: 208 , at
quia 32 res A B,deficiũt à 32 rebus A C,in 32 B C, addantur utriq̃ par
ti 32 B C,erunt igitur 32 res p:208,æquales cubo p:64, tantum enim
sunt 32 B C,abijce 64 ab utraq̃ parte, erit cubus æqualis 32 rebus p:
144,inde inuenta æstimatione abijce B C, τpq̃d. relinquetur A B.

REGVLA.

L   Regula

　取るに足りないわが 3 次式が、イタリア・ルネッサンス期の医師であり星占い師で科学者にして数学者でもあったジローラモ・カルダーノが 1545 年に発表した 3 次方程式に関する論文、『偉大なる術』に載っているのを見て、わたしは唖然とした[24]。とはいっても、じつは値が小さい正の整数根を持つ 3 次方程式のほとんどは、全 40 章のカルダーノのこの著作のどこかで見つかる可能性が高い。なぜこんなにたくさんの章があるのだろう。なぜなら代数に負の数が組み込まれるまでは、$ax^3 + bx^2 + cx = d$ のような形の式と $ax^3 + bx^2 = cx + d$ のような形の式は別の種類の 3 次方程式とされており、カルダーノはそれぞれの種類の 3 次方程式について、いくつかの例を使って論じたからだ。

　ルネッサンス期のほかの数学者と同じように、カルダーノも足し算や引き算を p: や m: という記号で表したり、平方の係数の 3 分の 1（tertia pars numeri quadratorum）を Tp̄q̄d という記号を使って表すなど、前代数的ともいえる不便な略記法を用いていた。かなりぞんざいな幾何学的推論で一般的な規則を導いてから、それらの計算例を論じていたのだ。

　リチャード・ウィトマーが現代表記を用いて行った下線部の訳は以下のようになる。

　　ここでも、

$$x^3 + 9x = 6x^2 + 4$$

　　が成り立つ。また、前と同様に y^3 は $3y$ と等しい。数に関しては、y の係数である 3 に x^2 の係数の 3 分の 1 である 2 を掛けると 6 になる。これに方程式の定数 4 を足すと、10 になる。そこから x^2 の係数の 3 分の 1 である 8 を引くと、2 が得られる。そこでこれを y に足さねばならない。なぜならこの和は x^2 の係数の 3 分の 1 の 3 乗より大きいからだ。したがって、

$$y^3 = 3y + 2$$

　　となり、y は 2 になる。x^2 の係数の 3 分の 1、つまり 2 を加えることで、（x の）真の解である 4 が得られる[25]。

　x から y への変数変換をはじめとするカルダーノの手法に関する議論は、「25　開かれた協働」を参照されたい。

　『偉大なる術』には、印刷物としては世界初の 3 次方程式の包括的解法が載っており、そのため今では、通常 3 次方程式の公式にはカルダーノの名前が冠されている（「30　公式による」を参照）。カルダーノは『偉大なる術』の第 1 章でシピオーネ・デル・フェッロと「わが友ニコロ・タルターリア」の貢献に謝辞を述べているが、それでもこの著作は、激しい一番乗り争いを引き起こした（「43　シナリオ風の」を参照）[26]。

　それにしても、カルダーノはなぜ 4 を vera aestimatio〔ほんとうの評価〕と呼んだのか。1 のどこがほんとうでないのだろう。

定理　$x \in \mathbb{R}$ とする。もしも $x^3 - 6x^2 + 11x - 6 = 2x - 2$ が成り立てば、$x = 1$ か $x = 4$ である。

証明　Artin［第 14 章、§2］、あるいは、Herstein［§5.7］。

必修科目風の

「7　発見された」と違って、ここに挙げた二つの典拠、マイケル・アルティンの『代数学』とI. ハースティンの『代数学のトピック』では、ここに挙げた3次方程式そのものは解かれていない[27]。この二人が論じているのは、係数に制限がないあらゆる3次方程式の解なのだ。

　一般に、二つの証明が「同じ」であるという表現が何を意味するのかは明確でないが、二つの証明が異なることの規準は、容易に示すことができる。数学へのゲーム的なアプローチで有名なイギリスの数学者ジョン・コンウェイとカジノで数学コンサルタントをしているジョセフ・シップマンによると、証明同士を互いに競わせ対抗させることによって、証明に部分的な順序を付けていくことができるという。この二人によると、どの証明にも「自然に応用できる領域」つまり「作用域」があって、ある証明の作用域がもう片方の証明の作用域を含む場合、前者は後者より優れている[28]。さらに、一つの証明をしかるべき変更を加えて（mutatis mutandis）拡張したものが二つ目の証明の射程に収まり切らなくなるとき、この二つの証明は異なるといってよさそうだ。たとえばカルダーノは、わたしたちの3次方程式と「7　発見された」の下線部のすぐ下にある $x^3 + 21x = 9x^2 + 5$ を同じ手法で解いている。ところが後者の3次方程式の解は $2 - \sqrt{3}$、$2 + \sqrt{3}$、5 で、これらの根はどう見ても「6　公理的な」の証明の範疇を超えている。なぜならあの証明では最初に「x は整数である」と仮定されていたが、$2 - \sqrt{3}$ と $2 + \sqrt{3}$ は有理数ですらないからだ。

　コンウェイとシップマンはそのうえですぐに、証明の作用域の優越が証明の価値に直結するわけではない、と述べている。たとえば、証明している内容に対して作用域が大きすぎる「大きなハンマーでハエを叩くような」証明は、通常やりすぎで、品がないとされる[29]。そのような例については、「64　研究セミナーでの」を参照されたい。

22

Here is a fact:

If x is real and the cube of x less six times the square of x plus five times x plus six times x less six is twice x less two, then x must be one or four.

The proof goes like this:

See, the first three terms on the left side split as the square of x less five times x all times x less one. And more, the last two terms on the left side split as six times x less one, while the right side splits as two times x less one. Thus, if x were to be one, we have nought plus nought is nought, which is true. So, x may be one.

Else x is not one, and x less one is not nought. So we can times the whole thing by one on top of x less one to yield: the square of x less five times x plus six is two. Drop two from each side, and the square of x less five times x plus four is nought. Now this splits as x less four times x less one. Since we said x less one is not nought, x less four must be. So x is one or four, as was to be shown.

【漢文書き下し風の訳】

次ノ事有リ。

x 実数ナリ。x 立方 x 平方六倍減、x 五倍 x 六倍加、六減、x 二倍二減ニ等シ。斯ハ、x、一、或イ、四。

証明以下如シ。

左辺冒頭三項、x 平方 x 五倍減、x 一減ジタルニ積分。左辺残二項、x 一減ニ六積分。一方右辺、x 一減ニ二積分。一方 x 一等、零零加零故、所与式成立。故ニ x 一。

減、x 一不等、x 一減零不等。故所与式全体、x 一減ニ除能、x 平方 x 五倍減六加、二等。両辺二減、x 平方 x 五倍減四加、零等。得式、x 四減 x 一減ニ積分。x 一減零不等。故、x 四減零等。斯、

x 一、或イ、四等。

単音節の

　シオバーン・ロバーツの『遊ぶ天才』という著書によると、その主題となっている著名な数学者、ジョン・ホートン・コンウェイは、あらゆる数論の講義を「1 ビットの言葉ゲーム」の規則に従って行ったという。「1 ビットの言葉ゲーム」とは、単音節の制約を自己記述的に述べたものである[30]。

　このバージョンでは、方程式の係数のなかでただ一つ複音節である eleven（11）を、「five plus six（5 足す 6）」と書き換えており、この些細な変更から、解き方自体の（そして「4　初等的な」の解き方の）基本となる因数分解への道が開けている。なぜわたしはこの事実にこれほどまでに驚くのか。なぜなら数学の証明は、一つひとつは些細な変換でしかないものの連なりとして表現されることが多く、しかもそれらの変換は外からの制約によって決まっていくものだからだ。その意味で、これは典型といってよいのである。

　レーモン・クノーは 1948 年の論文「The Place of Mathematics in the Classification of Sciences〔科学の分類における数学の位置〕」で、数学は方法であり、「もっとも正確な言葉を使えば、jeu d'esprit〔魂の遊び〕と呼ばれる」ゲームである、と主張している。そしてその論文を、次のような後のウリポを思わせる一文で締めくくっている。曰く、「芸術とは曖昧な感じのものだとして、科学は芸術からゲームへと往復し、芸術はゲームから科学へと往復する、といえるだろう」[31]。

x^3

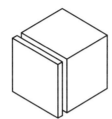

$(x^3)-x^2$

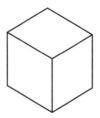

x^3-x^2

$(x^3-x^2)+x$

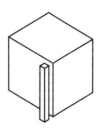

x^3-x^2+x

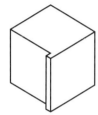

$(x^3-x^2+x)-x^2$

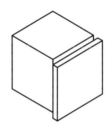

x^3-2x^2+x

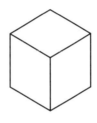

$(x^3-2x^2+x)+4x$

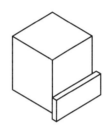

x^3-2x^2+5x

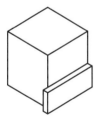

$(x^3-2x^2+5x)-4$

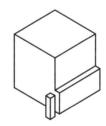

x^3-2x^2+5x-4

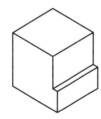

$(x^3-2x^2+5x-4)+4x$

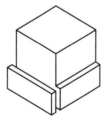

x^3-2x^2+9x-4

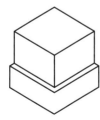

$(x^3-2x^2+9x-4)-4x^2$

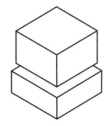

x^3-6x^2+9x-4

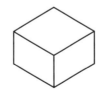

$(x-1)(x-1)(x-4)$

言葉抜きの

　図や例証のなかには、たいへん説得力に富んでいて、説明抜きでも証明として成立しそうなものがある。「見ればわかる証明」とか「言葉抜きの証明（Proofs Without Words、PWW）」と呼ばれるこれらの図解は、1970 年代の登場以来、数学雑誌の呼び物となってきた[32]。

　これらの図の証明としての正当性を問題にするのは、なにやら的外れのような気がするが、言葉抜きの証明に関する議論では決まって否定的な動きが生じる。ティム・ドイルらはアメリカ数学会のオンライン雑誌 Convergence〔収束〕への投稿で、スタイルに関する言葉を用いてこれらの議論を以下のようにまとめている。

　　ここでは、「数学的な証明」という身分が形式的な正しさによって裏書きされるという立場を、「バロック」という言葉で表す。ちょうど、音楽作品のフーガという地位が、その音楽の形式的な性質によって裏書きされるようなものだ。一方、バロックの領域の規準よりも数学的経験を優先して、数学的な直感や知性を正しいやり方でかき立てるものはすべて良き証明であるという立場を、「ロマンチック」という言葉で表す。このとき、バロックの立場から見た証明は、「特定の形式的制約に従っているという点で優れているある種の証拠」として理解されるが、ロマンチックな立場から見た証明は、「力に満ち、数学的に鋭くて、理性ある読者を完璧に納得させる証拠すべて」なのである。

　これは、かなり有効な枠組みといえる。なぜなら一つには、証明を行う人々がこの議論における自分の立ち位置に磨きをかけることを、さらには自分たちのリスクを分析家のように綿密に分散させることを可能にするからだ。

　　バロック的な立場に偏りすぎて、誰一人として証明を書かない、ということにならぬよう気をつけなくては！　試しに少しだけ基準を緩めてみて、言葉抜きの証明のようなあまり標準的でない形の証明が入り込めるものなのか、そしてそのまま証明というカテゴリーに——あるいはその近くに——落ち着けるものかどうかを問うてみるのも面白い[33]。

　この証明は、「52　古色を帯びた」の作業の結果得られたものである。出発点となる x^3 の立方体は、$10 \times 10 \times 10$ 単位で描かれている。立方体の一つの辺が、解である $x = 1$ ないし $x = 4$ に近づいたときに、この証明にいったい何が起きるのか。みなさんは、もっと少ない手順で証明を把握することができますか。「62　軸測投象的な」にあるのは、言葉抜きの一発勝負の証明である。

指示 問いの答えは、じかにこのページに書き込みなさい。すべて、青か黒のペンで書くこと。適切な代数的操作をすべて明確に示すこと。メモ用紙の使用は認めないが、このページの裏をメモに使ってもかまわない。この試験を受ける際は、いかなるコミュニケーション装置の使用も禁ずる。そのような装置を使った場合は、どんなに短い時間であろうと不正を行ったとみなし、点数はゼロとする。

$x^3 - 6x^2 + 11x - 6 = 2x - 2$ を解きなさい。

$$x^3 - 6x^2 + 11x - 6 = 2x - 2$$
$$ -2x + 2 \qquad -2x + 2$$

$$x^3 - 6x^2 + 9x - 4 = 0$$
$$\cancel{x^2(x-6) + 9(x-4) = 0}$$

$$x^3 - 6x^2 + 11x - 6 = \frac{2(x-1)}{(x-1)}$$

$$\begin{array}{r} x^2 - 5x + 6 \\ x-1 \overline{\smash{\big)}\ x^3 - 6x^2 + 11x - 6} \\ \underline{-x^3 + x^2} \\ -5x^2 + 11x \\ \underline{+5x^2 - 5x} \\ 6x - 6 \\ \underline{-6x + 6} \\ 0 \end{array}$$

$$x^2 - 5x + 6 = 2$$
$$\cancel{(x-2)(x-3) = 2}$$
$$x^2 - 5x + 4 = 0$$
$$(x-1)(x-4) = 0$$

$$\boxed{\begin{array}{l} x = 1 \\ x = 4 \end{array}}$$

試験

　多くの人々にとってもっとも鮮烈な数学の記憶といえば、数学の試験だろう。「数学の試験」という語句には、「頭が割れそうな痛み」とか「極度の激痛」と同じくらいの威力がある。このバージョンのモデルとなったのは——その威圧的な指示も含めて——ニューヨーク州標準テストの代数2／三角法である[34]。

　実際には、小学校のテストから大学進学適性試験（GRE）までの標準的な数学の試験のほとんどが多肢選択方式で、生徒に推論の根拠を求めることをしない。これらの試験において推論を厳密に評価する場合も、面白いことに分野ごとに規準が異なる。ニューヨーク州標準テストでは、採点者が等級を付ける際に、正しい数値解が得られいて「適切な代数的手順が示されているもの」を高く評価するよう指示されている。ところが幾何学では、「結論となる言明を含む正確で完璧な証明」が求められているのだ。なぜこのような差が生まれるのか。おそらくユークリッドの『原論』の長い伝統と「6　公理的な」に見られる様式が反映されたために、幾何学で求められる証明の水準が高くなったのだろう。

$x^3 - 6x^2 + 11x - 6 - (2x - 2)$ つまり $x^3 - 6x^2 + 9x - 4$ という多項式の根は、次のように作図される。

1. 二点 O、P を任意に取る。
2. 長さ OP の、与えられた係数倍、つまり $b = -6$、$c = 9$、$d = -4$ 倍を作る。
3. 二つの補助係数

$$p = \frac{b^2 - 3c}{9} = 1, \qquad q = \frac{2b^3 - 9bc + 27d}{54} = -1$$

の長さを作る。

4. OP の延長線上に、長さ OQ が $-b/3 = 2$ となるように点 Q を取る。
5. Q を中心として、半径が $2\sqrt{p} = 2$ の円 OSR を描く。
6. 中心が O で半径が同じの円 QST を描く。
7. 線分 PS と PT を引く。ただしこれらの線分は OQ と直交している。
8. このとき OP の長さが二重根となり、OR の長さが単根となる。

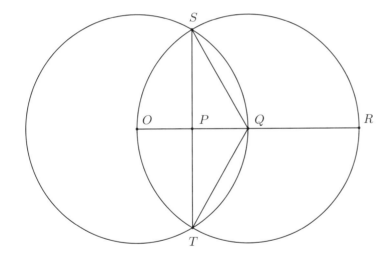

定規とコンパス

目盛りのない定規（直定規）とコンパス、この二つはいかにも控え目な道具でありながら、数学者たちにじつに多くの考えるべき事柄、なすべきことを提供してきた。これらの道具が生み出す問いのなかでももっとも基本的で広範なのが、何が描けて何が描けないのかという問題だ。

そのような古典的作図問題の一つに、任意の角の3等分がある（「41　新聞風の」には、立方体の体積を2倍するというもう一つの問題が登場している）。角の3等分問題は、じつは任意の多項式 $x^3 + bx^2 + cx + d$ の根を求めるという問題と等しい。残念ながら立方根も角の3等分も、一般には直定規とコンパスでは作図できない。ところがわたしたちの3次方程式のように実数の重根を持つ方程式であれば、解を作図することができる（さらに、3次方程式が三つの実根を持っていれば、目盛りがある定規とコンパスで根を作図することができる[35]）。補助係数 p、q は、$x^3 - 3px + 2q$ という特別な形の簡約3次方程式に対応しており、$p^3 = q^2$ であるとき、そのときに限って、3次方程式は重根を持つ。

実際に根を作図するには、「47　気の利いた」に登場する三角関数の恒等式

$$4\cos^3\theta - 3\cos\theta = \cos 3\theta$$

を用いる。$x = 2\cos\theta + 2$、$\cos 3\theta = 1$ でありさえすれば、$\cos\theta$ に関するこの3次方程式がわたしたちの方程式を完璧に満たすのだ。座標幾何学でいうと、第一の条件は根 x が $Q = (2, 0)$ を中心とする半径2の円の角度が θ のときの水平座標であることを意味しており、第二の条件は、θ が 2π の倍数の3分の1であることを示している。したがって θ は 0、$2\pi/3$ か $4\pi/3$ となり、これらの角度が点 R、S、T に対応しているのである。

定理 x を実数とする。もしも $x^3 - 6x^2 + 11x - 6 = 2x - 2$ が成り立てば、$x = 1$ か $x = 4$ である。

証明 $x = 1$ と $x = 4$ が根であることは、容易に確認できる。そこで、$x \neq 1$、$x \neq 4$ であるような第三の解 x があるとする。このとき、$x^3 - 6x^2 + 11x - 6 = 2x - 2$ を $x - 1$ で割ることができて、$x^2 - 5x + 6 = 2$ が得られる。つまり、$x^2 - 5x + 4 = 0$ が成り立つ。そこでこれを $x - 4$ で割ると、$x - 1 = 0$ となる。これを再び $x - 1$ で割ると、$1 = 0$ となるが、これは不合理である。したがって定理にある通り、$x = 1$ か $x = 4$ でなければならない。 □

背理法による

　間接的な証明方法である reductio ad absurdum〔背理（＝ absurdum）に帰する（＝ reductio）〕、すなわち背理法は次のバージョンの「14　対偶による」と似ていて、混同されることも多い。どちらの場合も、こちらが望んでいる結果が成り立たないという仮定から出発するが、矛盾を用いた背理法の証明では、その結果が成り立たないという仮定が間違っていることではなく（間違っていたとしても、矛盾はない）、公理や証明済みの命題など、すでに正しいことがわかっている第三の申し立てが間違っていることを示そうとする。この場合でいえば、1 と 0 は等しい、ということが矛盾になるのだ。

　何をもって不合理とするかは、証明する側の論理にかかっていて、論理学者のなかには背理法に異議を唱える人もいる。一つ問題なのが、命題の否定を却下することと、その命題が正しいという証明を等価としてよいのか、という点だ。20 世紀ドイツの数学者で哲学者でもあった L. E. J. ブラウワーは、この「排中律」と呼ばれる前提に批判的な陣営のもっとも著名な人物だった。だからといってブラウワーが、第三の真理値を認めるべきだと主張していたわけではない（主張していたら、じつは「tertium-non-datur〔第三の命題・可能性は存在しない〕」という原理の例になっていたはずだ）。この点は、「79　直観主義的な」を参照されたい。もう一つ問題なのが、矛盾による証明を受け入れる場合は、暗黙のうちに自分たちの証明の規則に一貫性がある（つまり、A であり A でないことは証明できない）としている、という点だ。一貫性がないとどうなるかは、「82　矛盾による」を参照されたい。

　かりに喜んで排中律を認め、一貫性があると信じたとしても、証明を行う過程で命題がゆがめられるため、間接的な証明から意味を抽出することはそう簡単ではない。しかしこれは修辞的な強みにもなっていて、実際ポリアは次のように指摘している。「『背理への帰着』は数学的な手順であるのだが、どことなく風刺家好みの手順である反語、つまりアイロニーと似ている。アイロニーは、ある意見を全面的に受け入れたと見せかけて、その意見を強調し、過剰なまでに力説して、けっきょくは明らかな不合理へと至るのだ」[36]。

定理　x を実数とする。もしも $x^3 - 6x^2 + 11x - 6 = 2x - 2$ が成り立てば、$x = 1$ か $x = 4$ である。

証明　$x \neq 1$、$x \neq 4$ とすると、$(x-1)(x-1)(x-4) \neq 0$ である。なぜなら因数 $(x-1)$ も $(x-4)$ もゼロでないからだ。今、

$$(x-1)(x-1)(x-4) = x^3 - 6x^2 + 9x - 4$$
$$= (x^3 - 6x^2 + 11x - 6) - (2x - 2)$$

であるが、これもまたゼロではない。したがって $x^3 - 6x^2 + 11x - 6 \neq 2x - 2$ が成り立ち、対偶によって、解となりうるのは 1 と 4 だけであることがわかった。この二つが実際に解であることは、簡単に確認できる。　　　　　　　　□

対偶による　　　　　　　　　　紀元前3世紀のストア派哲学者によると思われる次のような三段論法がある。

> もしも昼ならば、明るい
> しかし、今は明るくない
> よって、今は昼ではない[37]

これは、「もし P なら Q である」という条件命題と、その対偶の「もし Q でなければ、P ではない」が論理的に同値であることの典型的な例で、この論法は、モーダストレンス、後件否定とも呼ばれている。

　注意深い読者は、この問題と「13　背理法による」の間接的な推論に、1と4が根であることの確認に関する注意書きがしれっと加えられていることにお気づきだろう。なぜこのような注意書きが必要かというと、間接的な推論によって推断されるのは、1と4が解の候補でありえるということだけで、その方程式がそもそも解を持つか否かという問いには答えていないからだ。ここで、ある友人から教わった、空虚な仮定があるということを覚えておくための古い数学のジョークを紹介しておく。

　　教師　x を、問題にある羊の数とします。
　　生徒　でも、先生！　もしも x が羊の数でなかったら、どうなるんですか。

定理 $\lambda \in \mathbb{R}$ であるとする。もしも λ が線形作用素

$$\mathbf{A} = \begin{pmatrix} 3 & 0 & 1 \\ 0 & 1 & 0 \\ 2 & 0 & 2 \end{pmatrix}$$

の固有値なら、$\lambda = 1$ または $\lambda = 4$ である。

証明 ある数 λ が行列 $\mathbf{A}$ の固有値であるとは、$\mathbf{x} = (x_1, x_2, x_3)^T \in \mathbb{R}^3$ となるゼロでないベクトルが存在して、

$$\mathbf{A}\mathbf{x} = \lambda\mathbf{x}$$

が成り立つ、ということである。ここから同次の連立方程式

$$(\mathbf{A} - \lambda\mathbf{I})\mathbf{x} = \mathbf{0}$$

が成り立つが、これは、$(\mathbf{A} - \lambda\mathbf{I})$ の行列式がゼロであるときに非自明な解を持つ。特性多項式の行列式を展開すると、

$$
\begin{aligned}
0 &= \begin{vmatrix} 3-\lambda & 0 & 1 \\ 0 & 1-\lambda & 0 \\ 2 & 0 & 2-\lambda \end{vmatrix} \\
&= (3-\lambda)(1-\lambda)(2-\lambda) - 2(1-\lambda) \\
&= (1-\lambda)^2(4-\lambda)
\end{aligned}
$$

となるが、この方程式の根は $\lambda_1 = \lambda_2 = 1$ と $\lambda_3 = 4$ であって、これらが $\mathbf{A}$ の固有値となる。 □

行列による

　このバージョンでは、元の3次方程式を、3行3列の数の列、すなわち行列に付随するいわゆる「特性多項式」に落とし込んでいる[38]。元来行列は、複数の方程式を連立して解くための表記法として作られたものだが、やがて行列の代数そのものが数学の主題となっていった。行列の操作は、はじめのうちこそ手強いが、じきにきわめて表現力に富んだツールとなる。代数方程式や微分方程式から対称性や群まで、さまざまな数学の対象を行列で表すことができるのだ（群に関する話は、「24　もう一つの対称性による」を参照されたい）。

　様式を意味する英語のスタイルという言葉には、大きく二つの語源——一つは書き方としての様式、もう一つは書くための道具（stylus〔尖筆〕）——がある。フランスの哲学者で数学史家のダヴィッド・ラブアンは、数学のスタイルに関しても、この双子の解釈が重要だとしている。

> ［数学的な］スタイルがさまざまな文化的傾向を超えて広まっている、という点を強調するだけではなく、このカテゴリーを書き方という、この広がりの（想定された「概念的」背景の、想定された「普遍性」に根ざしたある種の観念的「イデア」とは正反対で、数学する人々の共同体が分かち合う「解釈」や「意味」に付随する側面と対立する）より物質的な側面につなぎ止めることで、このカテゴリーを積極的に使うことが肝要なのだ[39]。

早い話が、「スタイルの概念的な内容は、（そのスタイルを通して表現されていることではなく）書き方自体に表れている……われわれにとって、書くことは推論することなのである」。

𒌋𒐊
𒐊𒐊
𒐊 𒐊
𒐊 𒀭
𒐈 𒐊
𒌋 𒁀
𒈽 𒐊
𒈠 𒐊
𒌋𒐈 𒐈
𒁀 𒐈𒐊
𒈽𒌋 𒌋𒌋
𒐈𒐊 𒐊
𒁀𒈽 𒐊 𒐊
𒈽𒈾 𒈽
𒈽𒈾 𒐈
𒐊 𒌋𒐊 𒌋𒌋
𒐊 𒌋𒈽 𒐊
𒐊 𒀭 𒈽𒐊
𒐊 𒀭𒈽 𒐈
𒐊 𒀭𒈽 𒐈
𒐊 𒐈𒈽 𒌋𒌋
𒐈 𒐊 𒈽𒐊
𒐈 𒌋𒈽 𒐊
𒐈 𒀭𒌋 𒀭

37

古代の

　記録に残る最古の数学文化の一つ、紀元前 2 千年紀のバビロニア人が 3 次方程式を文字で表したらどうなるか、それを想像して作られたのがこの数の表である。2 列に並んだくさび形文字は、

$$x^3 + 11x + 2 = 6x^2 + 2x + 6$$

の両辺の値を示している。ちなみにこの式は、元々の $x^3 - 6x^2 + 11x - 6 = 2x - 2$ を（さらに整理したいという誘惑に抗って）負の項が出てこないように並べ直したときに得られる式である。解を得るには、1 列目と 2 列目の値が等しくなっている行を探せばよいわけだが、ここでは 1 行目と 4 行目で二つの値が等しくなっているので、解は 1 と 4 になる。この二つの行の ⟨𝑇⟩ と ⟨𝑇⟩ という記号は、それぞれ 14 と 110 を表している。この表をまるごとインドアラビア数字に書き換えたのが、次のバージョン「17　解釈された」である。

　アメリカの数学者バリー・メイザーによると、数学史を研究することによって、たとえば数学を「何千年にもわたって続く一つの長い会話」として統一することができる[40]。現存する当時の実際の人工物——「バビロニアの地下室文書」と呼ばれている粘土板——には、長さや幅や奥行きや取り除いた土の量などから地下室の大きさを求めるためのさまざまな計算が載っている[41]。どうやらバビロニアの人々は、$n^3 + n^2$ の値の表を作って $ax^3 + bx^2 = c$ という形の方程式を解いていたらしい。

14″	14″
32″	34″
1′2″	1′6″
1′50″	1′50″
3′2″	2′46″
4′44″	3′54″
7′2″	5′14″
10′2″	6′46″
13′50″	8′30″
18′32″	10′26″
24′14″	12′34″
31′2″	14′54″
39′2″	17′26″
48′20″	20′10″
59′2″	23′6″
1°11′14″	26′14″
1°25′2″	29′34″
1°40′32″	33′6″
1°57′50″	36′50″
2°17′2″	40′46″
2°38′14″	44′54″
3°1′32″	49′14″
3°27′2″	53′46″
3°54′50″	58′30″

17

解釈された

Interpreted

　歴史的な人工物に封じ込められた声に耳を澄ますことは、決して容易ではない。この表は、「16　古代の」のくさび形文字の一つの解釈である。二つの列はいずれも、デンマークのイェンス・ホイロップをはじめとする数学史学者にならって、バビロニアのくさび形文字を、底を60とする位取り記数法に従ってインドアラビア数字に翻訳したものである[42]。単位量と60の倍数と60^2の倍数は、分、秒、度と同じ記号を用いて区別してある。

　この表とこの前のバージョンの現代版は、「84　表による」を参照のこと。

定理 $x \in \mathbb{R},\ x^3 - 6x^2 + 11x - 6 = 2x - 2 \ \Rightarrow\ x = 4 \lor x = 1$

証明 $x^3 - 6x^2 + 11x - 6 = 2x - 2$

$\equiv \langle 2x - 2 \text{ を引く} \rangle$

> $\equiv \langle \text{引き算のみ} \rangle\ x^3 - 6x^2 + 11x - 6 - (2x - 2) = 2x - 2 - (2x - 2)$
>
> $\equiv \langle \text{整理する} \rangle\ x^3 - 6x^2 + 9x - 4 = 0$

$\equiv \langle \text{変数を変える} \rangle$

> $\equiv \langle x = y + 2 \text{ を代入} \rangle\ (y+2)^3 - 6(y+2)^2 + 9(y+2) - 4 = 0$
>
> $\equiv \langle \text{展開} \rangle\ (y^3 + 6y^2 + 12y + 8) - (6y^2 + 24y + 24) + (9y + 18) - 4 = 0$
>
> $\equiv \langle \text{整理する} \rangle\ y^3 - 3y - 2 = 0$
>
> $\equiv \langle \text{変数を変える} \rangle$
>
> > $\equiv \langle y = u + \frac{1}{u} \text{ を代入} \rangle\ \left(u + \frac{1}{u}\right)^3 - 3\left(u + \frac{1}{u}\right) - 2 = 0$
> >
> > $\equiv \langle \text{展開} \rangle\ \left(u^3 + 3u + \frac{3}{u} + \frac{1}{u^3}\right) - 3\left(u + \frac{1}{u}\right) - 2 = 0$
> >
> > $\equiv \langle \text{整理する} \rangle\ u^3 - 2 + \frac{1}{u^3} = 0$
> >
> > $\equiv \langle \text{解く} \rangle$
> >
> > > $\equiv \langle \text{掛け算のみ} \rangle\ u^3\left(u^3 - 2 + \frac{1}{u^3}\right) = u^3(0)$
> > >
> > > $\equiv \langle \text{整理する} \rangle\ u^6 - 2u^3 + 1 = 0$
> > >
> > > $\equiv \langle \text{因数分解} \rangle\ (u^3 - 1)^2 = 0$
> > >
> > > $\equiv \langle \text{ゼロ因子を求める} \rangle\ u^3 = 1$
> > >
> > > $\equiv \langle \text{立方根を求める} \rangle\ u = 1 \lor u = \frac{-1+i\sqrt{3}}{2} \lor u = \frac{-1-i\sqrt{3}}{2}$
>
> $\equiv \langle y \text{ を代入し直す} \rangle\ y = 1 + \frac{1}{1} \lor y = \frac{-1+i\sqrt{3}}{2} + \frac{1}{\frac{-1+i\sqrt{3}}{2}} \lor y = \frac{-1-i\sqrt{3}}{2} + \frac{1}{\frac{-1-i\sqrt{3}}{2}}$
>
> $\equiv \langle \text{整理する} \rangle\ y = 2 \lor y = -1 \lor y = -1$

$\equiv \langle x \text{ を代入し直す} \rangle\ x = 2 + 2 \lor x = -1 + 2 \lor x = -1 + 2$

$\equiv \langle \text{足し算} \rangle\ x = 4 \lor x = 1 \lor x = 1$

$\equiv \langle \lor \text{ を取り除く} \rangle\ x = 4 \lor x = 1$

18

ギザギザの
Indented

ギザギザの

　このバージョンの基になっているのは、ゲント大学名誉教授レーモン・ブートの計算証明（calculational proof）様式と呼ばれるスタイルである[43]。「2　二列の」の N 列への展開ともいえるこのスタイルでは、各段階における証明とその正当化が分けられており、正当化の部分は、アルゴリズムのサブルーチンのように括弧に入っている。これによって証明に深度が加わるので、証明の複雑さはかなり緩和され、質が向上する。この二重の「22　代入による」の証明は、カルダーノの方法のバリエーションで、本家のカルダーノの手法に関しては、「25　開かれた協働」と「88　対話による」でさらにたっぷり論じた。括弧で示されたもっとも深い正当化のいくつかは、じつはそこに潜むさらなる段階や階層のヒントにすぎない（たとえば一連の代数的な操作の代わりに、〈整理する〉という言葉が使われている）。

　すでに「15　行列による」にも登場している $\mathbb{R}$ という記号は実数の集合を表しており、∨ は「あるいは」を表している。

　ブートはこのスタイルを主として教育の観点から支持しているのだが、さらに、プロレベルで広く採用されている証明のスタイルには不足があると考えている。実際、それらのスタイルを代数の記号が使われ始める前のスタイル（「7　発見された」を参照）になぞらえたうえで、計算機科学者レスリー・ランポートの、「数学の証明の構造は、300年間変化してこなかった……証明は、今でも小論文のような形で書かれていて、ごく普通の散文のように大げさだ」という言葉を引用している[44]。筆者としては、この閧（とき）の声には大いに心を動かされるが、散文自体にほんとうに問題があるのか、あるいは、かくも頻繁に採用されている誇大な表現の問題でしかないのかを問う必要があると考えている。

定理 モニックな単変数 3 次 4 項式 $x^3 - 6x^2 + 11x - 6$ が、実数の体の上で単変数線形 2 項式 $2x - 2$ と代数的に等値であるという実質含意の真理値は、$x = 1$ あるいは $x = 4$ という排他的選言が真であるという結論をもたらす。

証明 前件の代数等式を満たす体の要素 x の実在を仮定する。体の可換性と分配法則により、前件の代数等式に減数を $2x - 2$ として多項式の減法作用素を適用すると、モニックな単変数 3 次 4 項式 $x^3 - 6x^2 + 9x - 4$ と加法の単位元が等値であるという結果が得られる。そこから得られる加法の単位元の $(x-1)^2(x-4)$ への因数分解から、体にゼロ因子が存在しないことに照らして、結論である排他的選言がもたらされる。QED

専門用語による
Jargon

専門用語による

　この証明は、「1　一行の」の証明を、数学の専門用語による細かい枝葉で膨らませたものである。かくしてわたしたちの 3 次式は、「モニックな単変数 3 次 4 項式 $x^3 - 6x^2 + 9x - 4$ と加法の単位元の代数等式」となった。

　何を書くにしてもいえることだが、数学も、上手に書くより下手に書くほうが簡単である。そうはいっても、「13　背理法による」で使われているスタイルは、詳しく調べるに値する[45]。

定理（仮定されているのではなく、前提である命題から引き出された言明）　モニック
な（先頭の係数が 1 の）単変数（変数が一つ）3 次（次数が 3）4 項（項が四つある）式
$x^3 - 6x^2 + 11x - 6$ が、実数（無限に続くかもしれない小数で表される数）の体（ゼロ
でない可換な可除環）の上で単変数（変数が一つ）線形（次数が 1）2 項（項が二つあ
る）式 $2x - 2$ と代数的に等値である（二つの代数表現の間の、それらが同じ価値である
と主張する関係）という実質含意（二つの言明 p、q の間の、p でありかつ q でないこと
はない、というのと等しい論理的つながり）の真理値（命題の意味論的価値として付さ
れた属性）は、$x = 1$ あるいは $x = 4$ という排他的選言（入力が異なるときにのみ真を
出力する論理的演算）が真（ブール領域の二つの真理値のうちの一つで、他方は偽）で
あるという結論をもたらす。

証明（推論規則に則って望む結論へと至る論理の鎖）　前件の（実質的含意の最初の被
演算子である）代数等式（二つの代数表現の間の、それらが同じ値であると主張する関
係）を満たす体の要素（ゼロでない可換な可除環の構成要素）x の実在（「少なくとも
一つはある」と解釈される量化）を仮定する。体（ゼロでない可換な可除環）の可換性
（2 項演算に対称性があって、結果が被演算子の順序に依存しないという性質）と分配法
則（組み合わせへの演算に対称性があって、その演算を組み合わせの個々の要素に施し
てから組み合わせても同じ結果になるという性質）により、前件の代数等式に減数（減
法演算子の二つ目の被演算子で、差に加えられるときは被減数と等しい）を $2x - 2$ と
して多項式（項の和になっている表現で、各項は定数と（一つまたは複数）の変数の非
負べきの積になっている）の減法作用素（加法演算子の逆）を適用すると、モニックな
（最高べきの係数が 1 の）単変数（変数が一つ）3 次（次元が 3）4 項式（項が四つの多
項式）$x^3 - 6x^2 + 9x - 4$ と加法の単位元（集合の要素で、ほかの要素に加えてもそれら
を変えない。0 と表される場合が多い）が等値である（二つの代数表現の間のそれらが
同じ値であると主張する関係）という結果が得られる。そこから得られる加法の単位元
の $(x-1)^2(x-4)$ への因数分解（因数の積への分解で、それらの因数を掛け合わせると
元の式になる）から、体（ゼロでない可換な可除環）にゼロ因子（環のゼロでない要素
で、環のほかのゼロでない要素に掛けたときに、その積が環のゼロという要素と等しく
なるもの）が存在しないことに照らして、結論（実質含意の二つ目の被演算子）である
排他的選言（入力が異なるときにのみ真を出力する論理的演算）がもたらされる。QED
（quod erat demonstrandum／要請された事柄は証明された）

定義による

　定理の言明に用いられている言葉の中身を復元することは、通常教育的な練習になる。数学の新たな領域を学ぶときには、今調べたばかりの単語の定義に登場する言葉の定義をさらに調べる必要が生じることがままある。「19　専門用語による」を潤色したこのバージョンで示されたインフレを誘発しかねない過程が、じつはそれほどの誇張ではないということを、強く主張しておきたい[46]。

　時にはこの練習自体が証明になる場合もあって、そのときは「定義から従う」ということになる。その一つの例が、「すべての実数は有理数のコーシー列の極限である」という定理である。コーシー列が何かって？　いやいやいや、実数とはコーシー列（の正体が何であろうと）の極限である、と自分たちが定義したのであれば、正体なんか知ったことではない。証明は、その定義から従うのだ。

　いったいなぜそんなことが可能なのか。ジャン゠カルロ・ロタは「数学の断片を公理的に提示したときに隠れてしまうものが、少なくとも公理的に提示することで明言されるはずのものと同じくらい数学の理解にとって意味がある」と指摘している[47]。つまり、成熟した理論の定義はきわめて精妙に作られており、定理を証明するのに欠かせない重労働を定義だけでこなせるのである。

Solve $x^3 - 6x^2 + 11x - 6 = 2x - $

$9 \quad 4$

$(y+2)^3 - 6(y+2)^2 + 9(y+2) - 4 = 0$

$(y^3 + 6y^2 + 12y + 8) - (6y^2 + 24y + 24) + (9y + 18) - 4 = 0$

$(u+v)^3 - 3(u+v) - 2 = 0$

$\boxed{3uv(u+v) + u^3 + v^3} - (3)(u+v) - (2) = 0$

$u^3 + v^3 = 2 \qquad 3uv = 3 \Rightarrow u^3 v^3 = 1$

quadratic roots $(u^3)^2 - 2u^3 + 1 = 0 \Rightarrow u^3 = 1$

黒板

　黒板は、単に教育用具であるだけでなく、数学の表現様式でもある。科学史家のマイケル・ブラニーと社会学者のドナルド・マッケンジーによると、素材としてのチョークや黒板の性質および実際の使用感が、この学問の特徴である厳格さの一端を支えている。つまり、「視覚的に共有された」黒板の上で「段階を踏んで進み、それぞれの段階で聴衆が異議を申し立てられる」からこそ、数学的な議論の厳密さが担保されるのだ[48]。そうやって人目にさらされることで理解が深まるのは確かだが、そのせいで、「黒板に出て」といわれたときの不安が生まれているのも事実で、なかにはそれを嫌うあまり、数学そのものを避けようとする学生もいる。

　1830年にイェール大学が、当時発明されたばかりのテクノロジーである黒板を幾何学の試験に組み込むと、文字通り反乱が起きて、最終的に40人以上の学生が追放された[49]。たとえチョークをきしらないように持てたとしても（ペンのように持つのではなく、指揮棒のように持つ）、黒板の効率的な使い方は、数学のほかの技能と同じように習得すべき技術なのだ。今でも覚えているのだが、筆者自身も日本の高名な結び目理論の専門家に、黒板に結び目を書くときの黒板消しの使い方が悪いといって叱られたことがある。

　ここに示したのはカルダーノの方法による証明である。詳細については、「25　開かれた協働」を参照のこと。

定理　x が実数で、$x^3 - 6x^2 + 11x - 6 = 2x - 2$ であれば、$x = 1$ または $x = 4$ である。

証明　与えられた方程式の両辺から $2x - 2$ を引くと、$x^3 - 6x^2 + 9x - 4 = 0$ が得られる。$x = y + 1$ を代入してこの式を簡単にすると、

$$
\begin{aligned}
0 &= (y+1)^3 - 6(y+1)^2 + 9(y+1) - 4 \\
&= (y^3 + 3y^2 + 3y + 1) - (6y^2 + 12y + 6) + (9y + 9) - 4 \\
&= y^3 - 3y^2 \\
&= y^2(y - 3)
\end{aligned}
$$

となる。したがって、y は 0 か 3 である。そこから x は 1 か 4 となり、示すべき事実が得られる。　　　　　　　　　　　　　　　　　　　　　　　　　　　□

代入による

　数学史家で数理哲学者でもあるリヴィエル・ネッツがいうように、代入は、文学的な言葉でいう「メタファー」なのかもしれない。「数学は、何かを別のものとみなすという操作があって初めて、ほんとうに興味深く、独創的になりうる」のだ[50]。

　専門用語でいう「代入」は、方程式や積分などのさまざまな対象に登場するある変数（たとえば x）を、一つ残らず別の変化しうる表現（たとえば $y+1$）で置き換えることによって、これらの対象を変換することを意味している。代入の目的は、対象を簡単にすることであったり、より複雑だが扱いやすい形に変えることだったりする。そのような変換によって得られた問題の答え（たとえば $y=0$）が求まったら、代入法の最終段階として、その解を元の変数に翻訳（たとえば $x=1$）しなければならない。初等的ではない代入の例については、「47　気の利いた」を参照されたい。

　問題に登場している表現を突然意外な形で変換されてしまうと、読者は煙に巻かれることになる。ちょうど、数学者のことを「ある種のフランス人のようだ。こちらが話しかけると、それを自分たちの言葉に翻訳し、それからじきにまったく別の何かにしてしまう」とぼやいたゲーテのように[51]。

定理　x を実数とする。もしも $x^3 - 6x^2 + 11x - 6 = 2x - 2$ が成り立てば、x は 1 か 4 である。

証明　方程式の両辺から $2x - 2$ を引くと、その解が $y = x^3 - 6x^2 + 9x - 4$ という 3 次曲線の根であることがわかる。3 次曲線はすべてその変曲点 Q に関して対称である。つまり点 P は、$R = 2Q - P$ もまた曲線上の点であるとき、そのときに限って曲線上の点なのだ。特に、3 次曲線の根 P は $R = 2Q - P$ の鏡映点として得られる。

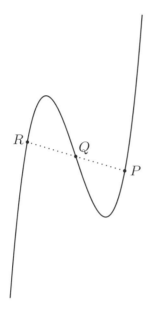

　この場合は $Q = (2, -2)$ で、そこから $P = (x, 0)$ の鏡映点は、$R = 2(2, -2) - (x, 0) = (4 - x, -4)$ となる。$y = -4$ として、次のように R の x 座標 x_R を求める。

$$x_R^3 - 6x_R^2 + 9x_R - 4 = -4$$
$$x_R^3 - 6x_R^2 + 9x_R = 0$$
$$x_R(x_R - 3)^2 = 0$$

ここから、x_R は 0 または 3 となる。ところが $x_R = 4 - x$ だったから、x は定理の主張の通り 1 または 4 である。　　　　　　　　　　　　　　□

対称性による

　　数学者たちはできる限り、その問題を対称軸に沿って分割できるかどうか、見極めようとする。なぜなら仮に対称軸があったとすれば、問題の一部に対する解を「鏡映」や「回転」で問題全体に拡張できるかもしれないからだ。この場合は、グラフの曲がり具合が下向きから上向きに変わる「変曲点」に関する対称性を使って、求める解に関する推論を進めた。なぜすべての3次曲線は、その変曲点に関して対称なのだろう。

　　次の「24　もう一つの対称性による」には、さらに抽象的な対称性の概念が登場する。

定理 $x \in \mathbb{R}$ とする。もしも $x^3 - 6x^2 + 11x - 6 = 2x - 2$ が成り立てば、$x = 1$ か $x = 4$ である。

証明 x_1、x_2、x_3 を 3 次多項式

$$f(x) = x^3 - 6x^2 + 9x - 4$$

の根とする。さらに、この多項式の随伴多項式 $g(y)$ を考える。ただし $g(y)$ の根は固定された係数の集合 c_1、c_2、c_3 の 1 次結合

$$y = c_1 x_1 + c_2 x_2 + c_3 x_3$$

で与えられていて、根 x_1、x_2、x_3 の順序に依存しない。これらの根を並べ替える――つまり置換する――たびに根が一つ得られるはずだが、置換する対象が三つある場合、それらの置換は $3! = 6$ 通り考えられるから、

$$y_1 = c_1 x_1 + c_2 x_2 + c_3 x_3$$
$$y_2 = c_1 x_1 + c_2 x_3 + c_3 x_2$$
$$y_3 = c_1 x_2 + c_2 x_1 + c_3 x_3$$
$$y_4 = c_1 x_2 + c_2 x_3 + c_3 x_1$$
$$y_5 = c_1 x_3 + c_2 x_1 + c_3 x_2$$
$$y_6 = c_1 x_3 + c_2 x_2 + c_3 x_1$$

はすべて $g(y)$ の根でなくてはならない。よって $g - g(y)$ は 6 次の多項式となる。次数が上がるとますます解きづらそうだが、係数の c_1、c_2、c_3 をうまく選べば、$g(y)$ に含まれるゼロでない項の y のべきを 3 の倍数にすることができる。このとき $z = y^3$ とすれば、$g = g(z)$ という方程式の次数は 2 となり、y は 2 次方程式の解の 3 乗根になる。それには、ω を単位元の原始 3 乗根、すなわち $\omega^3 = 1$ であり $\omega \neq 1$ であるような複素数としたときに、$g(y) = 0$ なら $g(\omega y) = 0 = g(\omega^2 y)$ が成り立つことが必要である。今かりに $\omega y_1 = y_2$ なら、$\omega c_1 x_1 + \omega c_2 x_2 + \omega c_3 x_3 = c_1 x_1 + c_2 x_2 + c_3 x_3$ となる。ところが x_1 の係数を比較すると、$\omega = 1$ となって矛盾する。したがって $\omega y_1 \neq y_2$ であり、同様の議論から、$\omega y_1 \neq y_3$、$\omega y_1 \neq y_6$ といえる。$\omega y_1 = y_4$ とすると、

$$\omega c_1 x_1 + \omega c_2 x_2 + \omega c_3 x_3 = c_1 x_2 + c_2 x_3 + c_3 x_1$$

となる。そこで係数を比べると、$\omega c_1 = c_3$、$\omega c_2 = c_1$、$\omega c_3 = c_2$、または、

$$c_2 = \omega^2 c_1, \qquad c_3 = \omega c_1$$

であることがわかる。そこで $c_1 = 1$ と置くと、$c_2 = \omega^2$、$c_3 = \omega$ となって、g のすべての根を y_1 と y_2 で表すことができる。実際、$y_3 = \omega^2 y_2$、$y_4 = \omega y_1$、$y_5 = \omega^2 y_1$、$y_6 = \omega y_2$ である。したがって多項式 $g(y)$ は、

$$g(y) = (y - y_1)(y - \omega y_1)(y - \omega^2 y_1)(y - y_2)(y - \omega y_2)(y - \omega^2 y_2)$$
$$= (y^3 - y_1^3)(y^3 - y_2^3)$$
$$= y^6 - (y_1^3 + y_2^3)y^3 + y_1^3 y_2^3$$

という形になる。ただし二つ目の等号は、$1 + \omega + \omega^2 = 0$ という恒等式から従う。

$g(y)$ の係数 $y_1^3 + y_2^3$ と $y_1^3 y_2^3$ が、根 x_1、x_2、x_3 のすべての置換に対して対称であることに注意する。対称式の基本定理から、これらの係数は基本対称多項式

$$E_1 = x_1 + x_2 + x_3, \qquad E_2 = x_1 x_2 + x_2 x_3 + x_1 x_3, \qquad E_3 = x_1 x_2 x_3$$

を使って表すことができる。ヴィエタの公式によると、$f(x)$ の係数 $E_1 = 6$、$E_2 = 9$、$E_3 = 4$ を使ってこれらの基本対称多項式の値を求めることができる。そこで、単純だがやや冗長な計算を行うと、

$$y_1^3 + y_2^3 = 2E_1^3 - 9E_1 E_2 + 27E_3 = 54, \qquad y_1^3 y_2^3 = (E_1^2 - 3E_2)^3 = 729$$

が得られ、

$$g(y) = y^6 - 54y^3 + 729 = (y^3 - 27)^2$$

となって、$g(y)$ の根が $\{3, 3\omega, 3\omega^2\}$ であり、これらすべてが二重根であることがわかる。対称性から、$y_1 = y_2 = 3$ と考えることができて、$f(x)$ の根は、

$$y_1 = x_1 + \omega^2 x_2 + \omega x_3 = 3$$
$$y_2 = x_1 + \omega x_2 + \omega^2 x_3 = 3$$
$$E_1 = x_1 + x_2 + x_3 = 6$$

という連立1次方程式の解になる。そこでこの連立方程式を解くと、$x_1 = 4$、$x_2 = x_3 = 1$ であることがわかり、証明が完成する。 □

　この解法でも対称性が活用されているが、その手法は直前の解き方より巧みである。これは 18 世紀イタリア生まれ（でありながら、フランス人だと思っている人が多い）の数学者ジョセフ゠ルイ・ラグランジュの方針に従った解法で、3 次方程式を解くという問題をすぐに簡単な形に帰するのではなく、まず、多項式の次数を倍の 6 にしてしまう。そのうえで、ラグランジュの分解式と呼ばれるその式を 2 次方程式にまとめるのだ。ほかにも同じようなやり方をしている証明があるが（たとえば「25　開かれた協働」の証明）、この証明のポイントは、多項式の根の対称性の観点から、次数を倍にしておいて 3 で割る、という点にある。

　変数が二つ以上ある多項式において、それらの変数をどう置換してもその値が変わらないとき、その多項式を対称多項式と呼ぶ。たとえば、次数が 3 までの初等的な対称多項式は E_1、E_2、E_3 である。一般に、いかなる次数でも基本対称多項式が存在する。対称多項式の基本定理によると、ざっくりいえば（いかなる次数の）いかなる対称多項式も、ただ一通りの基本多項式を用いた多項式として表すことができる[52]。

　このような近代的な対称性の概念は群の言葉で表現されることがきわめて多く、ラグランジュの業績は、群論前史の要となっている[53]。

問題 $x \in \mathbb{R}$ で、$x^3 - 6x^2 + 11x - 6 = 2x - 2$ であれば、$x = 1$ か $x = 4$ であることを証明せよ。

1. とにかく前に進むために、ひょっとすると無意味かもしれないけれど、標準形に直してみる。するとこの方程式は

$$x^3 - 6x^2 + 9x - 4 = 0$$

と等しくなる。

アルファからのコメント，June 25 @ 5:03 pm ｜ 返信

1.1. それって、ホーナー形式（もう一つの標準形）でも表せるね。

$$((x - 6)x + 9)x - 4 = 0$$

ベータからのコメント，June 25 @ 5:29 pm ｜ 返信

2. すでに誰かが試してみてると思うんだけど、それって、

$$x(x^2 - 6x + 9) - 4 = 0$$
$$x(x - 3)^2 = 4$$

というふうに因数分解できるんじゃないかなあ。

ガンマからのコメント，June 25 @ 5:35 pm ｜ 返信

2.1. わたしも同じ方向で考えていたけれど、因数定理を使うのは、ずるみたいな気がしたから。答えを知っていれば、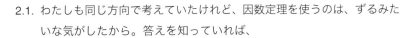

$$(x - 1)(x - 4)(x - 4) = 0$$

となるんだけど。

デルタからのコメント，June 25 @ 5:36 pm ｜ 返信

2.1.1. ごめん、悪いんだけど、どうしてこの三つが解になるの？ それに、1 が重根なんじゃないの？
イプシロンからのコメント，June 25 @ 5:45 pm ｜ 返信

2.1.2. これは、代数学の基本定理から得られる結果なんだけど、この問題にそんな大仰な道具を使うのはずるみたいな気がする。おやまあ！ イプシロンのおっしゃるとおり。

$$(x - 1)(x - 1)(x - 4) = 0$$

でないといけない。

デルタからのコメント，June 25 @ 5:50 pm ｜ 返信

3. 因数分解ができるかどうかはっきりしない 2 次方程式は、普通は「完全平方」で解くんだけど。「完全立方」みたいなのは、ないのかな。ほんとうにこの方針でいいのかなあ、どうなんだろう。
   ゼータからのコメント，June 25 @ 5:59 pm｜返信

   3.1. 3 次の 2 項展開は、$(x+a)^3 = x^3 + 3ax^2 + 3a^2x + a^3$ になる。問題の方程式の 2 次の係数は -6 だから、a は -2 になるはずで、

   $$x^3 - 6x^2 + 9x - 4 = (x-2)^3 - 3x + 4$$

   と書ける。でもこれでは、立方を完成できるという保証はまるでなさそうだ。少なくとも、定数を足しただけでは無理みたい。
   アルファからのコメント，June 25 @ 6:19 pm｜返信

4. 今気づいたんだけど、じつは元々の方程式は、

   $$(x-1)(x-2)(x-3) = 2(x-1)$$

   というふうにきれいに因数分解できるんだね。
   ガンマからのコメント，June 25 @ 6:20 pm｜返信

   4.1. 共通因子の $(x-1)$ を消去すると 2 次方程式になって、その根が求めていた答えになってる！
   イプシロンからのコメント，June 25 @ 6:22 pm｜返信

5. アルファの最後のコメントに戻りたいと思うんだけど。$y = x - 2$ というふうに変数を変換すると、少なくとも 2 次の項がなくなって

   $$y^3 - 3y - 2 = 0$$

   という 3 次式になる。これって、重要なことなんじゃないかな。
   ゼータからのコメント，June 25 @ 6:41 pm｜返信

   5.1. タウはこれを、「次数低下 3 次式」と呼んでいる。それに関する論文はここにある。
   イータからのコメント，June 25 @ 6:44 pm｜返信

      5.1.1. ありがとうイータ！　これは、初めて見る論文だ！
      ゼータからのコメント，June 25 @ 6:47 pm｜返信

   5.2. $z = x - 1$ とすると、1 次の項と定数項が落ちて、

   $$z^3 - 3z^2 = 0$$

になるから、簡単に因数分解できる。でも、これってずるかな？
ガンマからのコメント，June 25 @ 6:51 pm｜返信

5.3. 特に何かを思いついたわけじゃないんだけど、3 という数がポイントのような気がする。

$$y^3 = 3y + 2$$

これを使って、もっと項を消せるといいのに。
アルファからのコメント，June 25 @ 6:52 pm｜返信

5.3.1. たぶん、3 次の 2 項展開をこんなふうに因数分解した形が、使えるんじゃないかな。

$$(x + a)^3 = x^3 + 3xa(x + a) + a^3$$

ベータからのコメント，June 25 @ 7:22 pm｜返信

5.3.2. ああ、ほんとうだ！ $y = u + v$ とすると、
$$(u + v)^3 = 3uv(u + v) + u^3 + v^3$$

になって、

$$y^3 = 3y + 2$$

という問題の方程式と、とてもよく似ている。つまり、

$$uv = 1$$
$$u^3 + v^3 = 2$$

という連立方程式を解かなくちゃならないわけだ。
アルファからのコメント，June 25 @ 7:25 pm｜返信

5.3.3. それって u^3 の 3 次式だよね。$v = 1/u$ を二つ目の方程式に代入すると、

$$u^3 + \frac{1}{u^3} = 2$$
$$u^6 - 2u^3 + 1 = 0$$

となって、これを解くと $u^3 = 1$ になる。ということは、$v = 1$ で $y = 2$。これで解が一つ見つかった！
ゼータからのコメント，June 25 @ 7:28 pm｜返信

5.3.4. $y = x - 2$ だから、根は $x = 4$ になる。

アルファからのコメント，June 25 @ 7:29 pm｜返信

5.3.5. 元の 3 次式を $(x - 4)$ で割ると、$(x - 1)^2 = 0$ が残るよ。

ゼータからのコメント，June 25 @ 7:31 pm｜返信

6. やった！　これで証明は完成だ！

アルファからのコメント，June 25 @ 7:32 pm｜返信

開かれた協働

　このスタイルの基になっているのは、ポリマス・プロジェクトである。ケンブリッジ大学の数学者ティモシー・ガワーズは、2009 年に自分のブログを使ってこのプロジェクトを立ち上げ、しばらくすると実験的に、「数学における大規模な協力は可能か」という問いに取り組むことにした[54]。まず最初に、組合せ論の「密度版ヘイルズ - ジェウェットの定理」に新たな証明を付けるという課題を出したのだが、案に相違して、この目標はわずか 5 週間強で達成された。オンラインでの議論には 27 名が参加し、ガワーズによると「問題についていいたいことがあれば、何であろうと口を挟んでかまわなかった」[55]。さらに最近では、（もう一人のフィールズ賞受賞者、テレンス・タオが組織した）ポリマス 8 というプロジェクトが、双子素数予想に関する張益唐〔ジャン・イータン〕の業績に磨きをかけることに成功している[56]。

　ポリマス・プロジェクトは、数学の研究にとって価値がある結果を実際に生み出し続けているだけでなく、「概念が育ち、変化し、向上し、捨てられる様子を、さらには……最良の数学者ですら基本的なミスをしたり、さまざまな間違ったアイデアを追いかけることがある、ということを生き生きと示し」ている[57]。ガワーズはこの試みで、20 世紀の数理哲学者ラカトシュ・イムレ〔ラカトシュが姓〕をなぞっているといえそうだ。ラカトシュの『数学的発見の論理』は、数学的な概念の歴史的な展開を合理的に再構築したもので、ポリマス・プロジェクトの原型とひじょうによく似ている。とはいっても、ポリマス・プロジェクトよりも、はるかにぐちが多いのだが……[58]。

　コメントの右側の小さな絵は、唯一の例外を除くすべてが、スコット・シェリル゠ミックスの WordPress のプラグイン、WP_Identicon および WP_MonsterID の許諾を得て作られたアバターで、これらのプラグインは、順に、ドン・パーク、アンドレア・ガーのソフトウェアに基づいている。ただし、タウのアバターだけは例外で、これはニコロ・タルターリアが 1546 年に発表した『Quesiti et invention diverse〔問題とさまざまな工夫〕』の表紙から取ったものである。

26

聴覚による

Auditory

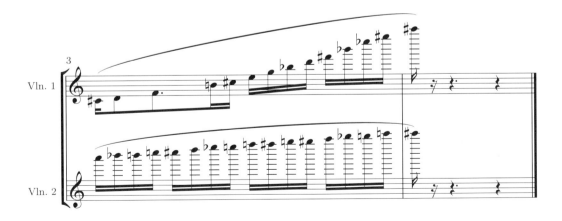

聴覚による

　このスコアは、問題の方程式の左辺と右辺をバイオリンで表現したものである。第一バイオリンが、方程式の左辺の 3 次関数を近似したメロディーを奏で、第二バイオリンが、方程式の右辺の 1 次関数を表す半音階的な直線を奏でる。全体は $3/4 \leq x \leq 4$ という区間に対応しており、長さは 4 と 4 分の 1 全音符分である。この区間における二つの関数の値の幅は 54 の半音に分けられており、これが、指板の外でもいくつかのきわめて高い音を奏でることができて幅広く連続的に音を変えることができる古典的楽器、つまりバイオリンの音域になっている。方程式の解は、二つのバイオリンが同じ音を奏でたときに生じ、具体的には、最初の小節の最初の拍の C♯ と最後の小節（の一部）の最初の拍の C♯ がそれらに相当する。

入力

$x^3 - 6x^2 + 11x - 6 = 2x - 2$：二つの解を持つ 3 次方程式；

x：記号；

出力

二つの解；

必要なもの

Left_side, *Right_side*, *Derivative*, *Remainder*, *Solve*, *Quotient*;

局所変数

A, B, P, Q, R, x_1, x_2;

開始

1 $A := Left\_side(x^3 - 6x^2 + 11x - 6 = 2x - 2)$;

2 $B := Right\_side(x^3 - 6x^2 + 11x - 6 = 2x - 2)$;

3 $P := A - B$;

4 $Q := Derivative(P, x)$;

5 **while** $Q \neq 0$ **do**

6      $R := Remainder(P, Q, x)$;

7      $P := Q$;

8      $Q := R$;

9 $x_1 := Solve(P, x)$;

10 $x_2 := Solve(Quotient(A - B, (x - x_1) * (x - x_1)))$;

11 $Return([x_1, x_2])$;

終了

アルゴリズム的な

　コンピュータはどのようにして3次方程式を解くのか。面白いことに、コンピュータの代数システムは、多項方程式を与えられると、まず重根を探す。わたしたちの3次方程式でいうと、$x=1$を探すのだ。重根を見つけるうえで鍵となるのが、多項式Pの重根はその微分Qの根にもなっている、という解析学に由来する数学的事実である。「3　図による」の証明で、二つのグラフが$x=4$では交わっているのに、重根$x=1$では接しているように見えることに気づかれた方がおいでなら、その理由はここにある。

　二つの多項式に共通する根を求める手順はユークリッドのアルゴリズムと呼ばれるごく単純なもので、与えられた二つの整数をともに割り切る最大の整数を求めるのと同じくらいの手間で済む。その部分を実行するのが、この証明の「while〔〜であれば〕」のループだ。このサブルーチンで$x=1$という重根が見つかれば、3次方程式を$(x-1)^2$で割って、残りの解を求めることができる。

　特定のプログラム言語を用いずにコーディングするスタイルを疑似コードと呼ぶように、特定の計算代数系を用いずに計算するスタイルを数学的な疑似言語と呼ぶ。このアルゴリズムとそこで用いられている疑似言語の基になっているのは、ジョエル・S・コーエンの『コンピュータ代数と記号計算』である[59]。

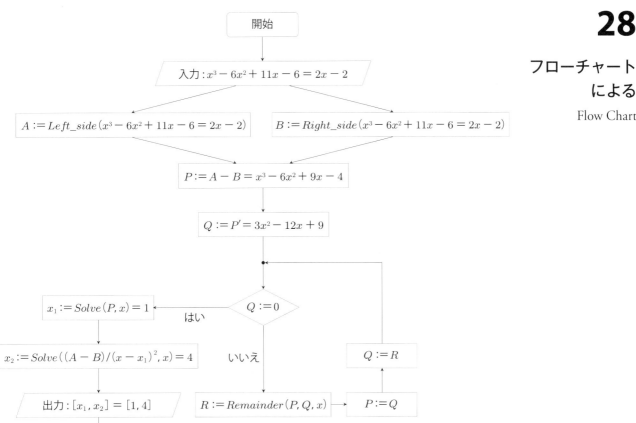

開始

入力：$x^3 - 6x^2 + 11x - 6 = 2x - 2$

$A := Left\_side\,(x^3 - 6x^2 + 11x - 6 = 2x - 2)$

$B := Right\_side\,(x^3 - 6x^2 + 11x - 6 = 2x - 2)$

$P := A - B = x^3 - 6x^2 + 9x - 4$

$Q := P' = 3x^2 - 12x + 9$

$Q := 0$

はい

いいえ

$x_1 := Solve\,(P, x) = 1$

$x_2 := Solve\,((A - B)/(x - x_1)^2, x) = 4$

出力：$[x_1, x_2] = [1, 4]$

終了

$R := Remainder\,(P, Q, x)$

$P := Q$

$Q := R$

**フローチャート
による**

　フローチャートとは、「手順をよりよいものにするために視覚化する仕組み」である[60]。この場合の手順は、一つ前の「27　アルゴリズム的な」のバージョンに基づいている。また、「59　特許風の」のバージョンは、このフローチャートに基づくものである。なかには、フローチャートを視覚的な補助用具として、生徒に初歩的な代数方程式の解法や矛盾による証明の基本的な段階を学ばせようとする学校の教師もいる[61]。また、これとは異なる状態図や決定木などのフローチャートは、応用数学のさまざまな場面に広く登場している。

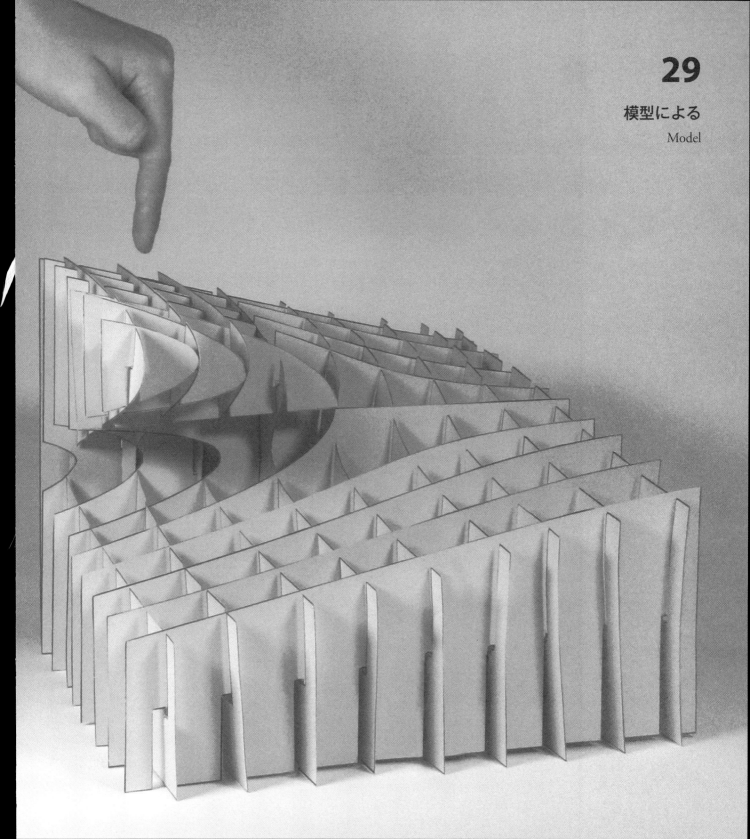

「25 開かれた協働」で論じられていたように、変数を変えることによって、元の3次方程式を2次の項がない

$$z^3 - 3z - 2 = 0$$

という3次方程式に帰着させられる。実際どのような3次方程式でも、何らかの係数 p、q を選ぶことによって、

$$z^3 + pz + q = 0$$

という形に書き換えられるのだ。ここで (p, q, z) という数の三つ組みを (x, y, z) という幾何学的な座標とみなすと、得られた簡約3次方程式すべての解空間を、

$$z^3 + xz + y = 0$$

という方程式のグラフとして構成することができる。この写真にあるのは、この方程式が定義する曲面の模型であり、指が指している方向には、$p = -3$、$q = -2$ としたときの簡約3次方程式の二つの解、2、-1 を表す $(-3, -2, 2)$ と $(-3, -2, -1)$ という座標がある。

代数的な曲面の物理的模型はたいてい粘土で作られたが、紙や木や紐などで作られることもあって、19世紀末から20世紀初頭にかけて広く流布した。1935年頃に数学者のアーノルド・エムチがこの曲面のモデルを作っているはずだが、彼が教授を務めていたイリノイ大学のコレクションに現存するかどうかは確認できなかった[62]。

写真の模型は、このプロジェクトに参加している学部生のサラ・デニスが作ったもので、曲面の下の領域の横断面を考えて、その図面をコンピュータで印刷し、それぞれの横断面に垂直に切り込みを入れて互いにかみ合わせてある。「スライスフォーム」と呼ばれるこれらの模型は[63]、どうやら粘土模型を作るための準備段階であったらしい[64]。

$x^3 - 6x^2 + 11x - 6 = 2x - 2$ の解を求めるには、まず問題の方程式を $x^3 - 6x^2 + 9x - 4 = 0$ という標準形に直す。$ax^3 + bx^2 + cx + d$ という 3 次多項式の根は、カルダーノの公式により、

$$x = \sqrt[3]{\left(\frac{-b^3}{27a^3} + \frac{bc}{6a^2} - \frac{d}{2a}\right) + \sqrt{\left(\frac{-b^3}{27a^3} + \frac{bc}{6a^2} - \frac{d}{2a}\right)^2 + \left(\frac{c}{3a} - \frac{b^2}{9a^2}\right)^3}}$$
$$+ \sqrt[3]{\left(\frac{-b^3}{27a^3} + \frac{bc}{6a^2} - \frac{d}{2a}\right) - \sqrt{\left(\frac{-b^3}{27a^3} + \frac{bc}{6a^2} - \frac{d}{2a}\right)^2 + \left(\frac{c}{3a} - \frac{b^2}{9a^2}\right)^3}} - \frac{b}{3a}$$

で得られる。係数が $a = 1$、$b = -6$、$c = 9$、$d = -4$ なので、この公式から次のような解が得られる。

$$x = \sqrt[3]{\left(\frac{-(-6)^3}{27(1)^3} + \frac{(-6)(9)}{6(1)^2} - \frac{-4}{2(1)}\right) + \sqrt{\left(\frac{-(-6)^3}{27(1)^3} + \frac{(-6)(9)}{6(1)^2} - \frac{-4}{2(1)}\right)^2 + \left(\frac{9}{3(1)} - \frac{(-6)^2}{9(1)^2}\right)^3}}$$
$$+ \sqrt[3]{\left(\frac{-(-6)^3}{27(1)^3} + \frac{(-6)(9)}{6(1)^2} - \frac{-4}{2(1)}\right) - \sqrt{\left(\frac{-(-6)^3}{27(1)^3} + \frac{(-6)(9)}{6(1)^2} - \frac{-4}{2(1)}\right)^2 + \left(\frac{9}{3(1)} - \frac{(-6)^2}{9(1)^2}\right)^3}}$$
$$- \frac{-6}{3(1)}$$
$$= \sqrt[3]{1} + \sqrt[3]{1} + 2$$
$$= 4$$

公式による

　カルダーノの公式がなぜ覚えにくいかというと、ひどく長いだけでなく、3乗根の部分に微妙なところがあるからだ。この公式の従兄弟ともいうべき2次方程式の解の公式で正と負の二つの根をともに考慮する必要があるように、異なる複素3乗根からさらなる解が生じるのである。このバージョンではこのような細かい区別を無視したが、この点は、次の「31　反例による」できちんと取り上げた。一般の3次方程式のそれぞれの根 x_n（ただし $n = 0, 1, 2$）に関する完璧な公式は次の通り。

$$x_n = \left(\frac{-1+\sqrt{-3}}{2}\right)^n \sqrt[3]{\left(\frac{-b^3}{27a^3}+\frac{bc}{6a^2}-\frac{d}{2a}\right)+\sqrt{\left(\frac{-b^3}{27a^3}+\frac{bc}{6a^2}-\frac{d}{2a}\right)^2+\left(\frac{c}{3a}-\frac{b^2}{9a^2}\right)^3}}$$

$$+ \left(\frac{-1+\sqrt{-3}}{2}\right)^{2n} \sqrt[3]{\left(\frac{-b^3}{27a^3}+\frac{bc}{6a^2}-\frac{d}{2a}\right)-\sqrt{\left(\frac{-b^3}{27a^3}+\frac{bc}{6a^2}-\frac{d}{2a}\right)^2+\left(\frac{c}{3a}-\frac{b^2}{9a^2}\right)^3}}$$

$$-\frac{b}{3a}$$

この公式には、「7　発見された」の証明を作った人物の名前が付いている。

主張 もしも $x^3 - 6x^2 + 11x - 6 = 2x - 2$ が成り立てば、カルダーノの公式から、$x = 4$ という結論が得られる。

反例 カルダーノの公式は、

$$x = \sqrt[3]{1} + \sqrt[3]{1} + 2$$

という式に帰着し、$\sqrt[3]{1}$ の値を 1 とすると、$x = 4$ という所与の解が得られる。しかし 3 乗が 1 と等しくなる数は、1 だけではない。実際、

$$
\begin{aligned}
\left(\frac{-1 + \sqrt{-3}}{2}\right)^3 &= \frac{(-1 + \sqrt{3})(-1 + \sqrt{-3})^2}{2^3} \\
&= \frac{(-1 + \sqrt{3})(-2 - 2\sqrt{-3})}{8} \\
&= \frac{2 - 2(-3)}{8} \\
&= 1
\end{aligned}
$$

が成り立つ。また同様に、

$$\left(\frac{-1 - \sqrt{-3}}{2}\right)^3 = 1$$

であることも示される。これら二つの 1 の複素立方根を組み合わせると、

$$x = \sqrt[3]{1} + \sqrt[3]{1} + 2 = \frac{-1 + \sqrt{-3}}{2} + \frac{-1 - \sqrt{-3}}{2} + 2 = 1$$

という二つ目の解が得られて、主張は論破される。

31

反例による
Counterexample

75

反例による

　ルネッサンスの代数学者たちが、負の量をきちんとした数として認めていなかったことを思うと、カルダーノが負の数の平方を取ることを期待するのは無茶のように思える。だがそれでも、カルダーノは負の数の平方根を取った。『偉大なる術』の第 37 章では、まず $x^2 = x + 20$ の「真」の解である $x = 5$ が、方程式を「ひっくり返して」 $x^2 + x = 20$ としたときには「負」の解になることに注目している。そしてさらに、しばしば引用される次のような議論を展開しているのである。

　10 を二つに分けてその積が 30 か 40 になるようにすることは、明らかに不可能である、というべきなのだろう。ところが次のようにすると、それが可能になる。10 をまったく同じ二つの部分に分けると 5 と 5 になり、それを 2 乗すると 25 になる。そこで 25 から 40 を引くと、第 6 巻の演算に関する章で示したように、余りは -15 になる。そこで 5 にその平方根を足したものと引いたものとを掛け合わせると、40 になる。これらは $5 + \sqrt{-15}$ と $5 - \sqrt{-15}$ となるはずで、……このような行為に伴う精神的苦痛をひとまず脇に置けば、$5 + \sqrt{-15}$ と $5 - \sqrt{-15}$ を掛けると $25 - (-15)$ で、$-(-15)$ は $+15$ だから、この積は 40 になる[65]。

主張　もしも $x^3 - 6x^2 + 11x - 6 = 2x - 2$ が成り立てば、$x = 1$ か $x = 4$ である。

反例　方程式の両辺から $2x - 2$ を引くと、与えられた3次式は $x^3 - 6x^2 + 9x - 4 = 0$ という標準形になる。これは、

$$(x - 1)^2(x - 4) = 0$$

と因数分解することができる。ここから $x - 1 = 0$ または $x - 4 = 0$ で、主張通り $x = 1$ または $x = 4$ となる。ただしそれは、x がゼロ因子を持たない数の集合 X、つまり

すべての $a, b \in X$ に対して、$ab = 0$ なら、$a = 0$ か $b = 0$

が成り立つ数の集合に含まれる、という仮定があればの話なのだ。たとえば X が整数を 12 で割った余りの（有限）集合

$$X = \{0, 1, 2, 3, 4, 5, 6, 7, 8, 9, 10, 11\}$$

だったらどうなるか。任意の二つの余りに対して、それらの和、差、積を通常の和、差、積を 12 で割った余りと定義すると、$x = 7$ の場合の先ほどの因数分解は、

$$(x - 1)^2(x - 4) = (7 - 1)^2(7 - 4) = 108$$

となる。ところが 108 は 12 で割り切れるから、この積は X における余り 0 に対応する。したがって、$x_1 = 1$、$x_2 = 4$、$x_3 = 7$ という三つの解が得られたことになり、主張は論破される。

　12で割った余り（つまり mod 12、12 を法とする）の集合のうえでの算術は、「時計の算術」とみなすことができる。なぜなら時計の盤面上の時間と同じような計算になるからだ。

　このバージョンで主張されている内容は、第一の批判である「31　反例による」の改良案と捉えることができる。では、この二つ目の反例を考慮するには、元の主張をどう練り上げればよいのか。典型的なのが、この本の多くの定理で行われているように、変数 x の値を整数の集合か、有理数の集合か、実数の集合に制限するというやり方だ（ゼロ因子がない数の集合のなかで、もっとも制限が少ないものを「域」と呼ぶ）。

　「25　開かれた協働」でも述べたように、ラカトシュ・イムレは、数学の歴史的発展における典型ともいうべき主張と反例の間の往還を、初めて体系的に研究した数理哲学者の一人である[66]。ラカトシュの分析によると、反例というものにはもう一つ、ここでわたしがなぞったような特徴がある。つまり反例は、同じ主張を巡る別の証明に対する批判から生まれる場合があるのだ（この主張の反例が、直前の「31　反例による」の主張をも論破していることに注意されたい）。ラカトシュの指摘によると、そのため往々にして、定理の冒頭で列挙されているさまざまな仮説やまだ歪曲されていない主張のなかに、その証明の基となったいくつもの誤った証明のアイデアの痕跡が見て取れるという。

定理 $f \colon \mathbb{R} \to \mathbb{R}$ を $f(x) = x^3 - 6x^2 + 9x - 4$ で定義する。もしも $f(x) = 0$ ならば、$x = 1$ または $x = 4$ である。

証明 f を、提示された二つの根のうちの第一の根、$x = 1$ のまわりでテイラー展開する。f の微分を計算すると、$f'(x) = 3x^2 - 12x + 9$、$f''(x) = 6x - 12$、$f'''(x) = 6$ で、$n \geq 4$ では $f^{(n)}(x) = 0$ となる。したがって、

$$
\begin{aligned}
f(x) &= f(1) + \frac{f'(1)}{1!}(x - 1) + \frac{f''(1)}{2!}(x - 1)^2 + \frac{f'''(1)}{3!}(x - 1)^3 + \cdots \\
&= 0 + 0 - 3(x - 1)^2 + (x - 1)^3 + 0 \\
&= (x - 1)^2(-3 + x - 1) \\
&= (x - 1)^2(x - 4)
\end{aligned}
$$

が成り立つ。したがって、定理の主張にある通り、f の根は 1 と 4 である。

微積分学による

　アメリカの数学者ウィリアム・サーストンは、1994年の論文「証明と数学における進展」のなかで微分のさまざまな概念化の概略を列挙していて[67]、それらはまるで、もう一揃いの（数学の）文体練習の宿題のようでもある。

　　1. 無限小
　　2. 象徴的な
　　3. 論理的な
　　4. 幾何学的な
　　5. 速度
　　6. 近似
　　7. 微視的な
　　　⋮
　37. 余接束のラグランジェ切断

　「数学はある意味で、記号言語と専門的な定義と計算と論理からなる共通の言語を持っている。この言語は数学的思考のスタイルの一部を――決してすべてではない――効果的に伝える」。サーストンはそう述べたうえで、次のような警告を発している。「その人の洞察を元来彩っていた風合いや調子を保つために多大な努力が行われない限り、それらの差異は、頭のなかの概念を正確で形式的で明示的な定義に翻訳した瞬間に失われる」[68]。

　この証明の最初の草稿では、記号的な思考法の例として積法則を応用していた。ここでは、微分を3次式の近似と捉えている。このような訂正を示唆してくれたエドモントンのキングス大学のエイミー・フィーヴァーに感謝する。

80

uppose that the intensity of a quality is as the cube of its extension and 9 times that less 6 times its square. It will be demonstrated that when this quality achieves an intensity of 4, its extension is 1 or 4. One speaks of such a quality as diformly diform, and it is necessary to have recourse to a speculative mensuration of the curved figures. Our speculation will proceed in accordance with the method of double false position. To begin, put arbitrarily that the extension is 1. Therefore the cube and 9 times the extension less 6 times its square, namely 1 and 9 less 6, is exactly equal to 4. Indeed 1 is a true solution, as claimed. Next put arbitrarily that the extension is 2. The cube and 9 times it less 6 times its square, namely 8 and 18 minus 24, results in 2. This differs from 4, the true value, by minus 2, therefore this position is false. Thus for the extension put 12. The sum of the cube and 9 times it less 6 times the square, namely 1728 and 108 minus 864, results in 972. This second position is also false. The difference in the approximations is their sum, 2 and 972, namely 974, since one error is minus and the other plus. The question that now arises as to what to add to the first position so as to decrease the difference between the value of minus 2 that resulted and 4, the true number. Suppose that the quality were uniformly diform over this difference. Then multiply this difference by the difference between the two positions and divide by the difference in the approximations that they produced, namely the 2 by the 10, and divide by the 974. The quotient is $\frac{2}{97}$, therefore augment the extension by an amount of one unit to 3. This position is similarly false. The sum of the cube and 9 times it less 6 times the square, namely twice 27 minus 54, yields no intensity at all. The second position, namely 12, resulted in an intensity much greater than the true one; therefore halve the extension, and put 6 for the new second position. The sum of the cube and 9 times it less 6 times the square, namely 216 and 54 minus 216, now results in 54. This new second position is also false. Proceeding as before, multiply the difference by the difference between the two positions; divide by the difference in the approximations that they produced, namely the 4 by the 3; and divide by the 54. The quotient is $\frac{2}{9}$, whence the extension is augmented one unit again, this time from 3 to 4. Now the cube and 9 times the extension less 6 times its square, namely 64 and 36 less 96, is exactly equal in intensity to 4. Hence 4 is the second true solution.

中世の

　ある属性〔質〕の強度は、その外延の立方と9倍から平方の6倍を引いたものである。この属性の強度が4に達するとき、その外延が1か4であることが示される。そのような属性は一様でなく変化するといい、囲まれた図形の思弁的測定に訴える必要がある。われわれの思索は、複仮定法に従って進む。まず恣意的に外延が1だとする。すると、立方と9倍引く平方の6倍は、1足す9引く6となり、まさに4になる。1は実際に、主張通り真の解なのだ。次に恣意的に、外延を2とする。立方足す9倍引く平方の6倍は、8足す18引く24で、2となる。これと4という真の値の間にはマイナス2の差があるから、この位置は誤りである。そこで外延を12とする。立方足す9倍引く平方の6倍は、1728足す108引く864で、972となる。この第二の位置もまた誤りである。これらの近似の差はその和となるので、2足す972で974となる。なぜなら片方の誤差は負で、もう片方の誤差は正だからだ。これにより、最初の位置に何を足せば、結果として得られるマイナス2と真の値である4の差を減らせるのか、という問いが生じる。今、この属性がこの差にわたって一様に変化しているとする。この差に二つの位置の差を掛けて、生じた近似の差で割ると、2に10を掛けて974で割るので、商は2/9になる。したがって1単位あたりの外延の増量は3となる。この位置もまた誤りである。立方足す9倍引く平方の6倍は、2倍の27引く54となり、いっさい強度がない。第二の位置、つまり12からは、真の値よりずっと大きな強度が得られた。そこで外延を半分にして、6を新たな2番目の位置とする。すると立方足す9倍引く平方の6倍は、216足す54引く216となって54となる。この新しい2番目の位置もまた誤りである。前と同じように、差に二つの位置の差を掛けて、それを得られた近似の差で割ると、4掛ける3を54で割ることになり、商は2/9となる。外延はやはり1単位で、今回は3から4に上がる。このとき、立方足す9倍引く平方の6倍は64足す36引く96で、ちょうど強度が4と等しくなる。よって4が2番目の真の解である。

　この証明は、二つの中世の文書の模倣である。一つはピサのレオナルド、別名フィボナッチの『算盤の書（Liber abaci、1202年)』の第13章「elchataym〔二つの間違い〕の方法と、それによっていかにほとんどの数学問題が解けるか」[69]、もう一つは、スコラ学の哲学者、ニコル・オーレムによる「Tractatus de configurationibus qualitatum et motuum〔質と運動の布置について〕」[70] という論考である。

　elchataym の方法、またの名を「二つの誤った位置」とは、現在、線形補間と呼ばれている手法である。連続関数 f があって $f(x) = y$ という方程式の解 x を評価することが求められたとき、まず二つの推定値、x_1、x_2 を定めて、それらの値 $y_1 = f(x_1)$ と $y_2 = f(x_2)$ を計算する。そのうえで

$$x = x_1 + (y - y_1)\frac{x_2 - x_1}{y_2 - y_1}$$

と置き、この二つの「誤った位置」を結ぶ直線の方程式を解くのである。呆れたことにフィボナッチは——たぶん elchataym の方法を繰り返し用いたと思われるのだが—— $x^3 + 2x^2 + 10x = 20$ という3次方程式の実根を小数点以下9桁まで正確に求めている[71]。フィボナッチはこの方法を中世イスラムの数学から学んだので、アラビア語の「al-khata'ayn」に由来する elchataym と呼んでいるが、この手法のもっと古い例は、古代中国の『数学的な芸術についての九つの章〔九章算術〕』に載っている[72]。

　オーレムによる外延の観点からの質（あるいは速さ）の強度の分析は、現代の関数概念の先触れといってよい。この文書では、傾きがゼロでない1次関数を「一様に変化するもの（uniform difform）」、非線形の関数を「一様でなく変化するもの（difform deformity）」と呼んでいる。

　このバージョンをすっきりとしたフォントで読みたい方は、次の「35　活字組みによる」を参照されたい。

```
\documentclass[10pt]{book}
\usepackage{multicol,yfonts,lettrine}%needs yinitas.mf
\begin{document}
\begin{center}\begin{multicols}{2}
\textfrak{\begin{spacing}{1.25}\large
\lettrine[lines=3]{S}{uppose} that
```
the intensity of a quality is as the cube of its extension and 9 times that less 6 times its square. It will be demonstrated that when this quality achieves an intensity of 4, its extension is 1 or 4. One speaks of such a quality as difformly difform, and it is necessary to have recourse to a speculative mensuration of the curved figures. Our speculation will proceed in accordance with the method of double false position.

```
%
```
To begin, put arbitrarily that the extension is 1. Therefore the cube and 9 times the extension less 6 times its square, namely 1 and 9 less 6, is exactly equal to 4. Indeed 1 is a true solution, as claimed.

```
%
```
Next put arbitrarily that the extension is 2. The cube and 9 times it less 6 times its square, namely 8 and 18 minus 24, results in 2. This differs from 4, the true value, by minus 2, therefore this position is false. Thus for the extension put 12. The sum of the cube and 9 times it less 6 times the square, namely 1728 and 108 minus 864, results in 972. This second position is also false. The difference in the approximations is their sum, 2 and 972, namely 974, since one error is minus and the other plus.

```
%
```
The question now arises as to what to add to the first position so as to decrease the difference between the value of minus 2 that resulted and 4, the true number. Suppose that the quality were uniformly difform over this difference. Then multiply this difference by the difference between the two positions and divide by the difference in the approximations that they produced, namely the 2 by the 10, and divide by the 974. The quotient is $\frac{\textfrak{2}}{\textfrak{97}}$, therefore augment the extension by an amount of one unit to 3. This position is similarly false. The sum of the cube and 9 times it less 6 times the square, namely twice 27 minus 54, yields no intensity at all. The second position, namely 12, resulted in an intensity much greater than the true one; therefore halve the extension, and put 6 for the new second position. The sum of the cube and 9 times it less 6 times the square, namely 216 and 54 minus 216, now results in 54. This new second position is also false.

```
%
```
Proceeding as before, multiply the difference by the difference between

the two positions; divide by the difference in the approximations that
they produced, namely the 4 by the 3; and divide by the 54. The quotient
is $\frac{\textfrak{2}}{\textfrak{9}}$, whence the extension is augmented
one unit again, this time from 3 to 4. Now the cube and 9 times the
extension less 6 times its square, namely 64 and 36 less 96, is exactly
equal in intensity to 4. Hence 4 is the second true solution.
\end{spacing}}
\end{multicols}
\end{center}
\end{document}

このバージョンで示されているのは、一つ前の「34　中世の」の電子活字のソースコードである。クノーの『文体練習』の証明版を作ることを思い立ったとき、わたしは自分の頭を冷やそうと、とっくの昔に誰かがやっているはずだ、と自分に言い聞かせた。あいにくそのときは、フランス語版ウィキペディアで一度だけ編集を行ったことがある通称 Ellisllk による、文体練習のありうる六つの方向性の概略しか見つからなかったが[73]、その 8 年後に、数学の文体練習を実行に移した人がいることを知った。リュドミラ・デュシェーヌとアニエス・ルブランによる愉快で巧みな『わが理知的な Q』では、ありとあらゆるスタイルで「$\sqrt{2}$ が無理数であること」が証明されている[74]。だが面白いことに、そこで紹介されているスタイルは、わたしがここで紹介しているものとほとんどかぶっていない。かぶっているまれな例の一つが、ウリポなら「あらかじめの剽窃」という標題を付けたであろう「$\sqrt{2}$ の無理性（ソースコード）」で、そこでは、ここにある証明と同じように印刷文書を作るための TeX のソースコードが紹介されている。1978 年に計算機科学者で数学者でもあるドナルド・クヌースがこのオープンソースの活字組の体系を公開してからというもの、数学や科学の（国際！）共同体のほぼすべての成員が（しばしばテックと発音される）TeX に頼るようになった。

TeX は、ソースファイルのサイズがわりと小さく、それでいて出力の品質が高いことから、その出現によって、数学関連の出版や研究が根本から変わった（「37　予稿による」を参照されたい）。最後に、現代の数学表記法で書かれたもののソースコードの例として、「30　公式による」のカルダーノの公式のコードを紹介しておく。

```
{\small
\begin{align*}
\begin{split}
x=&\sqrt[\leftroot{-1}\uproot{2}\scriptstyle 3]
{\left( \frac{-b^3}{27a^3} + \frac{bc}{6a^2} -
\frac{d}{2a}\right) + \sqrt{\left( \frac{-b^3}{27a^3}
+ \frac{bc}{6a^2} - \frac{d}{2a}\right)^2 +
\left(\frac{c}{3a} - \frac{b^2}{9a^2} \right)^3}}
\\&+
\sqrt[\leftroot{-1}\uproot{2}\scriptstyle 3]
{\left( \frac{-b^3}{27a^3} + \frac{bc}{6a^2}
- \frac{d}{2a}\right) - \sqrt{\left( \frac{-b^3}{27a^3
+ \frac{bc}{6a^2} - \frac{d}{2a}\right)^2 +
\left(\frac{c}{3a} - \frac{b^2}{9a^2} \right)^3}}
- \frac{b}{3a}
\end{split}
\end{align*}
}
```

36

ソーシャル
メディア

Social Media

Girolamo Cardano
@realCardano

立方＆1乗の9倍イコール6倍の平方＆4は、
@delferro の方程式に帰することで解かれた
arxiv.org/abs/4307.1160 #cubic #tartaglia

11:40 AM - 28 Jul 1543

💬 14   🔁 37   ♡ 99

　数学は孤独な天才の仕事であるとか、学校の教科としても社交が苦手な生徒向きである、と巷(ちまた)でいわれているにもかかわらず、ツイッターなどのソーシャルメディアでも、数学は一定の存在感を示している（もちろん、技術としてのソーシャルメディアは、数学の産物の一つである）。サイエンス誌の 2014 年の記事によると、「ツイッターにおける科学のスター」トップ 50 人に 2 名の数学者が入っている[75]。第 19 位がオックスフォード大学のマーカス・デュ・ソートイ（@MarcusduSautoy）〔『素数の音楽』などの数学啓蒙書などで有名〕で、フォロワーが 34200、ツイート数が 3555。これに対して第 43 位がテンプル大学のジョン・アレン・パウロス（@JohnAllenPaulos）〔数学リテラシーに関する啓蒙書などで有名〕で、フォロワーは 14000、ツイート数は 4144。当時科学ツイーターのナンバーワンだった天文物理学者ニール・ドグラース・タイソン〔ヘイデン・プラネタリウムの館長で、宇宙に関する啓蒙書、テレビ番組で有名〕のフォロワー数は 2400 万だから、それに比べればどちらもちっぽけなものだ。ここにあるメッセージの一部は、予稿サーバー arXiv に提出された新たな数学へのリンクを投稿しているアカウント、Mathematics Papers（@MathPaper）のツイートを真似たものである。リンク先の抄録については、次の「37　予稿による」を参照されたい。

　この本の原稿の仕上げに入った段階で、ジョン・マクリリーによる『Exercises in (Mathematical) Style〔（数学）文体練習〕』が刊行された。わたしの理解が正しければ、マクリリーの著作は、この本よりも数学的な内容に重点を置いている。しかしそれでもこの本の証明と重なっているところがあって、特に「ツイート」という章では、ツイーターの集団がよってたかって一つの証明を作り上げる様子が紹介されている。

　ひょっとすると、「数学の可能性に関するワークショップ（Workshop for Potential Mathematics）」、すなわちウマスポ（Oumathpo）を再構築する時が来たのかもしれない。『ウリポの概説』によれば、「[ウマスポの] 主な目的は——数学から文学（特にウリポ）への貢献であるさまざまな構造のお返しとして——文学が数学に、従来純粋に文学的な手順であったものの数学への応用を差し出すことにあった」[76]。ウマスポには、ウリポのメンバーであるクノー、ル゠リヨネ、ルーボー、ベルジュ、ポール・ブラッフォール、そして数学者のゲオルク・クライゼル、ピエール・サミュエル、ジャン゠カルロ・ロタ、スタニスワフ・ウラムが名を連ねていた[77]。

```
----------------------------------------------------------------\\
arXiv: 4307.1160
Date: Wed, 28 Jul 1543 09:04:16 GMT (11kb)


Title: On a cube and first power equal to a square and number
Authors: Girolamo Cardano
Categories: math.AG
Comments: 4 pages, 1 figure
\\
```

There has been important progress toward solving cubic equations since
the pioneering work of Khayyam. In this century, a general method for
obtaining solutions in the case of a cube and first power equal to a
number was provided by del Ferro. In the present paper we compute all
solutions of the cubic $x^3+9x=6x^2+4$ by transforming it into a
quadratic-free cubic. There follows a discussion of certain derivative
quartic equations. Additional applications include compound interest,
profit on repeated business trips, and the proper distribution of monies
among soldiers.

```
\\(http://arxiv.org/abs/4307.1160, 11kb)
```

〔抄録本文の日本語訳〕

ウマル・ハイヤームの先駆的業績以来ともいうべき、3次方程式の解法に向けた重要な進展があった。今世紀になって、立方と1次の項がある数と等しい場合の解を求める一般的な手法が、デル・フェッロによって示された。この論文では、$x^3+9x=6x^2+4$ という3次式のすべての解を、2次の項がない3次式に変換することで計算している。さらに、ある種の派生的4次方程式についても論じている。さらなる応用には、複利、繰り返される出張の利益、および兵士の間の賃金の適切な配分が含まれている。

予稿による

　まったく独立に仕事をしてきた数学者たちが、同一のものを発見したり同じ定理を証明したりすることは、決して珍しくない。自分の成果が数学者による査読、すなわちピアレビューを経て印刷される前（6ヶ月から1年、あるいはもっと前）に先取権を主張したい場合、──あるいは単に自分の成果を共有したいときは──その成果の電子予稿をarxiv.orgのpreprint archiveに投稿する（インターネット時代が到来する前の科学的発見の先取権確保については、「80　偏執狂的な」を参照されたい）。

　このバージョンは、arXiv（アーカイブと発音する）のサーバーから日々発せられるアラートメールの形を真似ている。メールの購読者は、代数幾何学（math.AG）をはじめとする32の主題カテゴリーのどれを選んでもかまわない。2016年にarXivの数学部門に投稿された予稿は32553本にのぼっている[78]。

$x^3 - 6x^2 + 11x - 6 = 2x - 2.$

$x^3 - 6x^2 + 9x - 4 = 0.$

$(y + 2)^3 - 6(y + 2)^2 + 9(y + 2) - 4 = 0.$

$y^3 - 3y - 2 = 0.$

$(2z)^3 - 3(2z) - 2 = 0.$

$4z^3 - 3z = 1.$

$4(\cos \theta)^3 - 3(\cos \theta) = 1.$

$4\cos^3 \theta - 3\cos \theta = \cos 3\theta.$

$\cos 3\theta = 1.$

$\theta = 0, \dfrac{2\pi}{3}.$

$z = -\dfrac{1}{2}, 1.$

$y = -1, 2.$

$x = 1, 4.$

38

式の列挙による

Parataxis

式の列挙による

この証明の各段階の詳細については、「47　気の利いた」とそのコメントを参照されたい。

> フランスはリヨンのエコール・ノルマル・スーペリウールに所属する数学者のエティエンヌ・ギは、自分のセミナーでマリナ・ラトナーに［ラトナー自身の］力学系の研究結果を紹介するために、6ヶ月かけてその研究結果を理解しようとしたときのことを、今もはっきり覚えているという。ギが、ラトナー自身とその論文について話しているときに、あの論文は、あの定理が正しいということをほかの数学者に理解させるためではなく、ご自身が納得するために書かれたような気がします、というと、ラトナーは、「そうなんです！　まさにその通り！　なぜわたしが数学の論文を書くのか、どうやって書くかを、あなたも理解されたのですね」といったという。
>
> ——ニューヨーク・タイムズ紙[79]

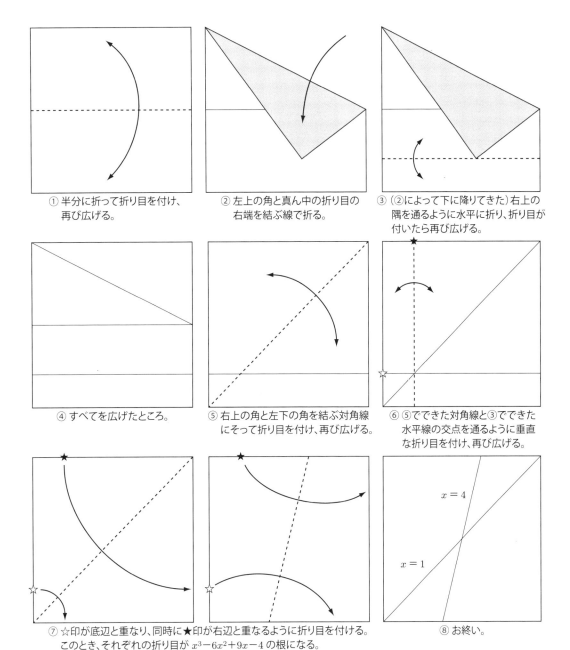

① 半分に折って折り目を付け、再び広げる。

② 左上の角と真ん中の折り目の右端を結ぶ線で折る。

③ （②によって下に降りてきた）右上の隅を通るように水平に折り、折り目が付いたら再び広げる。

④ すべてを広げたところ。

⑤ 右上の角と左下の角を結ぶ対角線にそって折り目を付け、再び広げる。

⑥ ⑤でできた対角線と③でできた水平線の交点を通るように垂直な折り目を付け、再び広げる。

⑦ ☆印が底辺と重なり、同時に★印が右辺と重なるように折り目を付ける。このとき、それぞれの折り目が $x^3 - 6x^2 + 9x - 4$ の根になる。

⑧ お終い。

$x = 4$

$x = 1$

折り紙

　　直定規とコンパスで作図できる長さ（「12　定規とコンパス」を参照）は、すべて紙を折って作ることができる。必要なのは手と目だけで、ほかには何の道具もいらない[80]。さらにイタリアの数学者マルガリータ・ベロは、厳密にいうと、紙を折ることが直定規とコンパスよりも強力なツールであることに気がついた。なぜなら紙を折りさえすれば、どんな3次方程式でも解けるからだ[81]。ベロはその証拠として、あまり知られていない「リルの方法」──「60　幾何学的な」の3次方程式の解法──が折り紙に使えることを示した。ここでのやり方は、直角を使うというリルの方法とは少し方向性が異なるが、それでも10×10単位平方の折り紙があれば、リルのやり方をなぞることができる。「60　幾何学的な」の点 O と D は、それぞれがこの証明の☆と★に対応している。⑦の手順でこれらの星が隣接する辺に重なる折り線を作るところがポイントで、そこでの異なる二つのやり方が、二つの解に対応する。

　　マンチェスター大学の数学の教授アレクサンドル・ボロビックは『顕微鏡の下の数学』で、「数学的なミーム」の例として折り紙を挙げている。折り紙は、「それが属するミーム集合体の再生と誤謬の修正の精度を後押しする固有の性質」を有する文化伝播の基本単位なのである[82]。

定理 n が自然数で、$n^3 - 6n^2 + 11n - 6 = 2n - 2$ が成り立てば、$n = 1$ か $n = 4$ である。

証明 直接計算を行ってみると、$1 \leq n \leq 4$ の範囲でこの 3 次方程式が成り立つのは、$n = 1$ と $n = 4$ だけである。したがって後は、$n \geq 5$ で $n^3 - 6n^2 + 11n - 6 \neq 2n - 2$ となることを示せばよい。$n^3 - 6n^2 + 11n - 6 > 2n - 2$ という命題を $P(n)$ とする。そして帰納法を用いて、$n \geq 5$ で $P(n)$ が成り立つことを示す。

　基本となる事例 $n = 5$ なら $n^3 - 6n^2 + 11n - 6 = 24 > 8 = 2n - 2$ だから、$P(5)$ が成り立つ。

　帰納的な段階

$$
\begin{aligned}
(n+1)^3 - 6(n+1)^2 + 11(n+1) - 6 &= (n^3 - 6n^2 + 11n - 6) + (3n^2 - 9n + 6) \\
&= (n^3 - 6n^2 + 11n - 6) + 3n(n-3) + 6 \\
&> (n^3 - 6n^2 + 11n - 6) + 6 \quad (n > 3 \text{ より}) \\
&> (2n - 2) + 6 \quad (\text{帰納の仮定により}) \\
&> 2(n+1) - 2
\end{aligned}
$$

となるので、$P(n+1)$ が成り立つ。したがって帰納法により、$P(n)$ は $n \geq 5$ のすべての自然数で成り立つ。よって $n = 1$ と $n = 4$ は唯一の解であり、主張は証明された。

□

帰納法による

　数学的帰納法の原理によると、n という自然数に依拠する命題 $P(n)$ は、$P(1)$ が真で、どの $P(n)$ に対しても $P(n+1)$ が真であれば、すべての n について真である。そういわれても、自然科学で用いられる帰納的推論と同じとは思えず、実際、同じではないのだが、数学者も、たとえば上記の原理を用いて証明すべき事柄を探す段階では、当然個別の例から出発して推論を行う。

　「数学的帰納法」という名前の起源を巡るフロリアン・カジョリの論文によると、17 世紀イギリスの数学者ジョン・ウォリスは、知的な作業の形式的な段階と非形式的な段階をともに「帰納」という言葉で表したために、同時代の人々にさんざん非難されたという。「［フェルマーは］わたしが帰納を用いて示したことを非難し、あえてそれに手を加えようとした……わたし自身は、帰納はひじょうによい研究方法だと考えている。なぜなら、一般規則を楽に発見できるようになることが非常に多いからである」。ウォリスはそうぼやき、もう一人の人物、イズマエル・ビィアルドゥスに関しても、「あの人物は、わたしが自分の発明に与えてしかるべき名誉を与えていないと考えている」と述べている[83]。

　ウォリスの積

$$\frac{\pi}{2} = \frac{2 \cdot 2 \cdot 4 \cdot 4 \cdot 6 \cdot 6 \cdot 8 \cdots}{1 \cdot 3 \cdot 3 \cdot 5 \cdot 5 \cdot 7 \cdot 7 \cdots}$$

を予想することと証明すること、これ以上の名誉がいったいどこにあるというのだろう！

太古の数学の謎への新たな答え

アントニオ・ダ・チェラティコ
（イタリア発）
1539年3月9日

すべてはデルフィの託宣から始まった。

古代ギリシャの都市デロスにおける政治的対立を収拾するため、神託により市民に幾何学的な謎が投げかけられた。これは「デロス島の問題」と呼ばれるパズルで、以来数学者たちはこの問題を考え続けてきた。

12月29日、イタリアはブレシア出身の数学者が関連する問題を解いたと発表、デロス島の問題の突破口になるかもしれないという。

件のブレシアの人、ツァンネ・デ・トニーニ・ダ・コイは、「代数」と呼ばれる分野の新たな技法を使ったとされるが、解の詳細はまだ明らかになっていない。

ダ・コイの主張は、ミラノの医師兼数学者ジローラモ・カルダーノの手紙にも登場する。

ヴァスト侯爵の補助金を受けているカルダーノによれば、「これはじつに驚くべきこと」だった。「もしもこれが正しければ、その分野の革命の印となる」という。

しかしほかの人々は、怪しいと感じていた。

「時には、その正当性を示せぬまま、方程式の解にたどり着くことがある。それでも証明を見るまでは疑い続ける、というのがわたしの習慣だ」と述べたのは、同じくブレシア出身でこの研究には関係していない数学者、ニコロ・タルターリアである。

フランシスコ派の修道士で偉大なるレオナルド・ダ・ヴィンチの科学における協力者だったルカ・パチョーリは、前世紀末にこれと類似する代数の問題に取り組んでいた。その問題に関するパチョーリの論文に詳しい科学者たちによると、パチョーリはいわゆる「3次方程式」のなかには解が存在しないものもあると述べていた。

デロスの人々も、同じ疑いを抱いていた。神託によると、立方体の形をしたアポロ神の祭壇を新たに作らなければならなかったのである。プラトンの好む立体の一つである立方体は、六つの面からなるサイコロ状の立体で、すべての面が等しい。

「やっかいなことに、ご託宣では、新しい祭壇を古い祭壇のちょうど2倍の大きさにする必要がある、と指定されていた」とカルダーノ博士は述べている。「単に辺を2倍しただけではだめだ。なぜなら辺を2倍にすると、元の祭壇の8倍の大きさの祭壇になってしまうから」。たとえアポロが大きすぎる祭壇と同じだけの幸せを運んできたとしても、ご託宣が満たされたことにはならない。

今日の数学の複雑な言葉を使うと、ダ・コイの問題も、古代の人々の問題と同じくらい不可解に見える。ダ・コイの手紙には、「立方と辺の長さの11倍と2が平方の6倍と一辺の長さの2倍足す6と等しい」ことを発見したとある。

なおかつ、ダ・コイの方程式には解があるらしい。

この新たな発見が完全に解明されるその日まで、研究は継続される。いずれにせよデロス島の問題は今後も、デロス島の市民はさておき、少なくとも数学者たちの関心を長く集め続けるに違いない。

41

新聞風の

Newsprint

新聞風の

　このスタイルのモデルとなったのは、過去 20 年間のさまざまなニューヨーク・タイムズ紙の記事[84] と、ガーディアン紙が主催したマーティン・ロビンスの皮肉なブログ記事「これはある科学論文についての新しいウェブサイトの記事だ」[85] である。

　デロス島の問題は、直定規とコンパスだけでどのような数を構成できるのか、という古典的な作図問題の一つである。カルダーノやタルターリアなどは、すべての立方根が見つかる、わたしたちの言い方で「根を開ける」、という前提で 3 次方程式の解を求めようとした。ジャーナリズムではこのような区別は吹っ飛ぶことが多く、数学の素養がある人々はそのことにひどく苛立つが、一般大衆にとってはほとんど害がない。

　これらの名前と日付は、ノーガードの「カルダーノ・タルターリアの論争に脇から光を当てる」[86] という論文に依拠している。ちなみにデロス島の問題は、プルタルコスの著作にも載っている。直定規とコンパスだけでは立方体を 2 倍にすることができないという事実は、1837 年にピエール・ヴァンツェルによって証明された。

定理 $x^3 - 6x^2 + 11x - 6 = 2x - 2$ が成り立つような実数 x が存在する。

証明 $f: \mathbb{R} \to \mathbb{R}$ を、x における値が問題の方程式の左辺と右辺の差になる関数

$$f(x) = x^3 - 6x^2 + 11x - 6 - (2x - 2)$$

とする。$A \subset \mathbb{R}$ を、f の領域のうちの厳密に負の実数に写される部分集合

$$A = \{x \colon f(x) < 0\}$$

とする。このとき、A が空集合ではなく、実数の有界な部分集合であることがわかる。たとえば、$f(0) = -4$ なので $0 \in A$ であり、$f(10) = 486$ であるから 10 は A の上界になる。実数の完備性の公理から、A の最小の上界 c

$$c = \sup A$$

が存在する。そこで、$f(c) = 0$ であることを示す。つまり、c が方程式の根なのだ。$\epsilon > 0$ とすると、f の連続性により、$|x - c| < \delta$ であれば常に $|f(x) - f(c)| < \epsilon$ が成り立つ $\delta > 0$ が存在する。最初の不等式から、

$$f(x) - \epsilon < f(c) < f(x) + \epsilon$$

が成り立つ。最小上界の性質からいって、区間 $(c - \delta, c]$ に $a \in A$ となる実数 a が存在する。したがって、$f(a) < 0$ から $f(c) < f(a) + \epsilon \leq \epsilon$ が成り立つ。さらに、$[c, c + \delta)$ には $b \notin A$ となる実数 b が存在する。このことから、$f(b) \geq 0$ なので、$-\epsilon \leq f(b) - \epsilon < f(c)$ が成り立つ。この二つの不等式を組み合わせると、

$$-\epsilon < f(c) < \epsilon$$

となる。この上界と下界はいかなる $\epsilon > 0$ でも成り立つから、主張の通り、$f(c) = 0$ という結論が得られる。 □

解析的な

　数学の主要分野の一つである解析学では、無限列や無限和や、微分積分学の微分や積分を含む極限過程について研究する。さらに解析学は、ϵ-δ 式の証明という特徴的な説明スタイルが存在する分野でもある。クロード・シュヴァレーは、1935 年に発表した「さまざまな数学のスタイル」で解析学の二つの特徴を論じて、「何よりもまず、強烈に、時には極端なほどに、さまざまな添字が付いた『ϵ』を使うこと……次に、論証でも結果でも、徐々に等式を不等式で置き換えていくこと」と述べている[87]。

　この定理は単に根 c の存在を主張しているだけだが、証明では $0 < c < 10$ という範囲が与えられている。「54　樹状の」や「69　統計的な」では、これより範囲が狭くなっている。

　ここでの推論は、本質的に中間値の定理の特殊な場合であるボルツァーノの定理——正の値と負の値を取る連続関数に根があることを主張する定理——を証明している。ちなみにボルツァーノとは 19 世紀の数学者兼哲学者ベルナルド・ボルツァーノのことで、彼は、解析的な技法だけを使って定数でないすべての多項式に少なくとも一つ $a + b\sqrt{-1}$ という複素解があることを証明している。この事実のより一般的な結果は「代数学の基本定理」と呼ばれており、「51　トポロジー的な」には、この定理の幾何学的な手法による証明がある。

溶明

外観　ルネッサンス期のイタリアはミラノ、昼

町の広場　教会の鐘が正午を告げる。人々が集まっている。カルダーノの弟子、若きルドヴィコ・フェッラーリが中央に立ち、そのそばに助手が付き従っている。

フェッラーリ「ブレシアのフォンターナ・タルターリアと称する人物が姿を現し、その名誉を守ることを許そう。この人物は我らが尊敬すべき教授ジローラモ・カルダーノを中傷し攻撃したが、ロンバルディア全土でもっとも大きな我らがミラノ大学の評判を落とそうとするその試みは、徒労に終わった」

フェッラーリが群衆を見渡す。群衆が互いを見やる姿にパンする。そしてクローズアップすると……。

町の人「ブレシア人は臆病者だ！」

みんながはやし立てる。カメラは最後に、サンダルを履いて慎ましい麻のローブをまとった小柄な男の姿を捉える。男は人混みをかき分けて……。

タルターリア「わたしはここにいる」
町の人「タ、タ、タ、タ、タルターリア！」

人々ははやし立て、道を空ける。

フェッラーリ（タルターリアに向かって）「用意はいいか？」
タルターリア「はるばるブラッキアから、いやブレシアからミラノまで、14360079ブラッチョ〔ブラッチョはイタリアの長さの単位〕をやってきたのは……」

人々がゲラゲラ笑い出すのを、フェッラーリが身振りで黙らせる。

フェッラーリ「最後まで語らせよう！」
タルターリア「召使いの少年に、勘定の仕方を教えるためではない」

群衆が、おーと叫ぶ。

フェッラーリ「もちろん、そうでしょう。そんなことをするのは、イノシシの羽根を数えるようなもの、鶏の足を数えるようなもの」

群衆が笑う。

タルターリア「なんだと？」
フェッラーリ「悪く取らないでいただきたい、単に事実を観察しただけなのですから。ミラノの人々の速度はブレシアの人々の3倍です。したがってあなたの143679ブラッチョは、わたしたちの47893ブラブッコなのです」

群衆がはやし立てる。

町の人「あんた、勘定の授業が大好きなんだな」

（笑い声）

タルターリア（フェッラーリに向かって）「おまえの主人はどこだ？」
フェッラーリ「ジローラモ・カルダーノ閣下が、その代数の技における権威に楯突こうという愚か者にいちいち会っていたのでは、患者のための時間がなくなってしまう。あなたの天分が、我らがミラノの医師の限界を超えていることが確かであれば、あの方の 僕_{しもべ} であるこの卑しき生き物に勝てるはず」

フェッラーリがお辞儀をし、タルターリアがうなずく。

フェッラーリ（助手に向かって）「わが師が命じられたように」
助手「われらが神の御代1548年の8月の10日、ここ公正なる町ミラノにおいて、来訪者であるブレシアのニコロ・フォンターナ・タルターリアがジローラモ・カルダーノに挑戦することを宣言する。カルダーノの代理はここにいるルドヴィコ・フェッラーリ・エスクアイアが務め、頭脳の決闘を行うこととする。面目を失ったものは、勝った者に200スクードを支払う」

フェッラーリは頭上で革のポーチをじゃらじゃらいわせる。群衆が喝采する。

助手（続けて）「両陣営は、すでに30問を交換している。来訪者であるタルターリア殿、まず貴殿が、今からわたくしの読み上げる第1問への答えを示していただきたい」

助手が巻物を広げる。

助手（読み上げる）「破産した商人が、3年間で負債の半分を返済しようとする。毎年、残っている額のなかの同じ割合を支払うことで合意している。今……」
タルターリア「何だと？　そんなのは見たことも……」
フェッラーリ「何か問題でもありますか？　もしも挑戦を取り下げたいのでしたら、そうおっしゃりさえすればよいのですよ」
タルターリア「いや、いや！　続けて！」
助手（読み上げる）「今、3年後に資本の半分と元金の半分と最初に支払った金額の4分の3に等しい手数料を払い終えるようにするには、最初にいくら払わなければならないか」

タルターリアにクローズアップ。ハンカチで眉をゴシゴシ拭いている。

タルターリア（画面外で）「負債が200とすると。1年目の支払いは……」

フェッラーリの財布のクローズアップ。

タルターリア（画面外で）「2年目までに、そこから平方の半分を引いた分を支払う」

暗算するタルターリアの声に、じゃらじゃらと音を立てて流れる硬貨の映像が重なる。

タルターリア（画面外で）「そして3年目には、最初の支払いからその4分の1を引いたものと、その3乗の4分の1を払って、そのすべてが、100と最初の4分の3の……」
町の人（地面に杖を打ち付けている）「タ、タ、タ、タ、……」

タルターリアが足で町の人の杖を払う。町の人が倒れると、群衆は大喜び。タルターリアは間髪入れずに杖を拾い上げ、計算を続ける。杖の先で地面に数字を書いていく。移動しながらのタルターリアが「3乗と9で平方の6と4に等しい」と書くと、群衆は黙り込む。タルターリアはさらに、「3乗は3のものと2に等しい」と書く。

タルターリアの母（画面外で。イタリア語で歌うように）「In el secondo de cote-sti atti Quando che'l cubo restasse lui solo Tu osservarai Quest'altri

シナリオ風の

contratti...〔コントラッティ〕〔それらの行為の瞬間に、立方だけが残るとき、汝はそれらほかの一致を認める……〕」

タルターリアが書くのをやめる。

町の人「立ち往生したぞ！」
タルターリア（町の人に向かって）「半分だ。その商人は最初の年に負債の半分を返す」
助手「正解」

群衆が息をのむ。フェッラーリのクローズアップ。汗をかいている。

フェッラーリ（助手から巻物を奪い取り）「見せてみろ」

修道僧の格好をしたジローラモ・カルダーノが、果物売りの荷車の後ろから覗いている。

タルターリア（群衆に向かって叫ぶ）「カルダーノさま、どこにいらっしゃるのです？」

カルダーノは荷車の後ろにさっと戻り、ペンを取り出すと、紙切れに何かを書き殴り、一人の少年にそれを渡す。少年は気づかれないように人混みを縫っていき、フェッラーリにその言づてを渡す。フェッラーリはそれを挟み込んだうえで、巻物を助手に返す。

フェッラーリ「次の問題！」
助手（紙切れに書かれていることを読み上げる）「ある数の4倍がその平方と立法の積より2大きい。その数とはいくつ」
タルターリア「ご、ご、5次か？」

群衆が笑う。

タルターリア（フェッラーリに向かって）「わたしは自分の限界を知っている。きみは自分の限界を知っているのか」
助手「答えは？」
タルターリア「きみの答えは？」
助手「あなたが質問する順番ではない。答えるか、さもなくば、知らないということを認めなさい」

106

タルターリアは黙り込み、再び砂の上で計算を始める。群衆はさらに場所を空けるため、後ろに下がる。カルダーノはあの少年の頭を肘で押しのけ、もっとよく見ようとする。タルターリアは果物の荷車に近づくが、突然動きを止める。

タルターリア「根を求めることができない」
助手「では、わからないということを認めるのですか」

タルターリアはフェッラーリに背を向け、ゆっくりと歩み去る。杖は、町の人に渡す。

タルターリア「もちろん」
町の人「臆病者の料理の一丁上がり！」

群衆は笑い、喝采する。
タルターリアのクローズアップ。眉をひそめている。

タルターリア（画面外で）「少なくとも、わたしは正直に無知を認めた。フェッラーリはもちろんのこと、誰にもあの問題は解けなかったはず」

カメラ、立ち去るタルターリアを見守るフェッラーリに戻る。タルターリアの姿がほぼ見えなくなったところで、カルダーノが前に進み出て、タルターリアが地面に書いたものを確める。

カルダーノ（声に出して読む）「1017割る2000……」

群衆に押されたフェッラーリが、カルダーノのほうに飛び出してきて、解を踏みつける。

カルダーノ（フェッラーリに向かって）「この無学者！」

タルターリアのクローズアップ。遠くに群衆が見える。本人は、うっすらと勝ち誇った笑みを浮かべている。

溶暗

終わり

シナリオ風の

　天才を主人公に据えるというのは、数学を劇的に描写したいときにいちばんよく使われる手で、僅差でそれに続くのが、気の触れた天才である。こういった性格描写は、少なくとも古代、——風呂のなかで「アルキメデスの原理」を発見したアルキメデスが興奮を抑えきれずに、「我見つけたり！　我見つけたり！」と叫びながらシラクサの町を素っ裸で走ったとき——にまでさかのぼることができる。アルキメデスはこの発見のおかげでヒエロン王の問題を解くことができたといわれているが、そのような難問もまた、今日まで延々と続く数学の脚色の特徴となっている。驚いたことに、タルターリアとカルダーノの数学上の決闘は歴史的な記録の一部として残っているが、ここでのやりとりは、現在の映画で用いられている潤色に基づくものである。

　カルダーノの弟子であるルドヴィコ・フェッラーリとタルターリアの一連の公開書簡によると、タルターリアはカルダーノに幾度となく懇願されて、ついに自分が見つけた簡約3次方程式の解法を漏らしたという。カルダーノは、タルターリアが詩として暗記していた（「81　狂詩風の」のコメントを参照）その解法を決して公にしないと約束した。ところがしばらくすると、ボローニャ大学の教授で数学者のシピオーネ・デル・フェッロがタルターリアとまったく別にすでにその公式を知っていたという証拠を見つけた。そこで、この解法を発表してもあの約束には違反しない、なぜならそもそもタルターリアの公式ではなかったのだから、ということで自分を納得させた。しかし、タルターリアはそうは考えなかった。そして、自費出版した一連の小冊子でカルダーノに戦いを挑み、その流れで、1548年8月10日の朝の10時にミラノのゾッコランテ教会で対決が行われたのだった。その決闘の場にカルダーノが姿を現したという記録はどこにもなく、姿を現したのは、タルターリアがカルダーノの「産物」と呼ぶ人物だけだった。

　このシナリオの形式は、映画芸術科学アカデミーが刊行したガイドラインに基づいている[88]。

ただただ美しい定理があり、それが $x^3 - 6x^2 + 11x - 6 = 2x - 2$ のすべての解を差し出している。ああ、しかしさらに説明してしまうと、ご自身でその定理を発見する達成感をみなさんから奪うことになる……。

　二つ目の文は、ルネ・デカルトの『幾何学』の次のような文を簡潔に言い換えたものである。「この点をさらに詳細に説明することはやめておく。なぜならそれをすれば、それを自力でマスターする喜びをみなさんから奪うことになり、また、それを徹底的に調べることによって己の頭を鍛えるという利益——わたしにいわせれば、これこそがこの科学から得られる主な利益なのだが——をも奪うことになるからだ。というのも、ここには誰にでも解明できる以上に難しいことは一つもなく、通常の幾何学と代数学に親しんだ人でありさえすれば、この論文で提示されているすべてを注意深く考えてみることができるからだ」[89]。

　最近英訳されたウマル・ハイヤームの代数の本でも、この記述と同じような所感が述べられている。「個別の種類［の問題］の正しさを証明する例を付けることもできた。しかし長々とした議論は避けることにして、学生たちの知性を頼りに、一般規則だけに絞った。なぜなら、ここに書かれていることを理解できる知性の持ち主なら誰でも、部分的な例が必要な場合にはそれらの例を作れるはずだから。神は良き者に導きを与え、わたしたちは神を頼りにしている」[90]。

　シャーロック・ホームズは、もっと露骨に、「残念ながら説明をすると、わたし自身がかなりあからさまになってしまう。原因なき結果のほうが、はるかに印象深いものだ」と述べている[91]。

実 3 次多項式、x の 3 乗引く 6 掛ける x の 2 乗足す 11 掛ける x 引く 6 が 2 掛ける x 引く 2 と等しいとする。あるいは単純に、x の 3 乗引く 6 掛ける x の 2 乗足す 9 掛ける x 引く 4 がゼロだとする。このとき x には二つの根、1 と 4 がある。証明は、変数を変換して問題の多項式を 3 乗の完全平方に因数分解できるような 6 次の多項式にするという着想に基づいて行う。この手順は通常 2 段階で実行される。第一に、x に y 足す 2 を代入して 2 次の項を消す。すると y の 3 乗引く 3 掛ける y 引く 2 という、いわゆる退化した 3 次式が得られる。次に、z を z 足す 1 で置き換える。得られたものに z の 3 乗を掛けて分母を払うと、z の 6 乗引く 2 掛ける z の 3 乗足す 1 になる。これは、括弧開く z の 3 乗引く 1 括弧閉じる掛ける括弧開く z の 3 乗引く 1 括弧閉じるというふうに因数分解できる。したがって z は単位元の 3 乗根である。つまり、1 か、マイナス 2 分の 1 足すマイナス 3 の平方の 2 分の 1 か、マイナス 2 分の 1 引くマイナス 3 の平方根の 2 分の 1 なのだ。z が 1 なら y は 2 となり、x は 4 になる。z が二つの複素根のいずれかであれば、y はマイナス 1 となって、ここから重根が得られ、x は 1 になる。したがってこの方程式には 1 と 4 の二つの根しかない。

45

口頭での
Verbal

口頭での

　最初は、「18　ギザギザの」をそのまま口頭の形に書き直そうとしたのだが、それではあまりに単調で耐えがたいものになることがわかった。証明に流れがなく、強調される箇所もいっさいないため、ひどくチェックがしにくいのだ。記号を使った方程式の形であればくっきりと印象づけられるはずの左右相称の構造が、まるで曖昧になる。この点をなんとかするために、できるだけ句読点を加え、文法を整えるようにした。

　証明を書く際に記号代数を頼るようになったのは、ルネッサンスも後期に入ってからのことである。たとえばカルダーノの証明（「7　発見された」を参照）は、今日のわたしたちにはひどく扱いにくく感じられるが（カルダーノの著作の訳者たちは「粗野」と述べている）、果たして当時の人々の耳にもそんなふうに響いていたのだろうか。

　わたしは、もっと数学のオーディオブックがあればよいのに、と思っている。自分の通勤時間が長いせいもあるが、オーディオブックを作るようになれば、数学を書く人々も、もっと「声」に磨きをかけるようになるはずだ。

定理 x を実数とする。もしも $x^3 - 6x^2 + 9x - 4 = 0$ が成り立てば、x は 1 か 4 に等しい。

証明 x を有理数とする。最高べきの係数が 1 の多項式の実根は、その定数項の約数になっている。さらに、係数の符号が交互になっているのは、根が正であることを意味している。2 は解ではないから、もう一つ解があるとしたら無理数であるはずだ。ところが無理根は、必ず共役な対で出てくる。 □

キュートな　　　　　　　キュート、というのは専門用語ではない。この言葉の意味は、読む人によって違うは
ずだし、じつはわたし自身、なぜこの言葉が広く使われるようになったのかをよく知ら
ない。それでいて、わたしはこの証明がキュートだと感じた。ごく短くて、何かを上手
に免れているような印象を受けたからだ。x を有理数とする仮定は、論点先取〔証明すべ
き事柄を前提として使ってしまう論法〕になる寸前で踏み止まっている。代数学を学んでい
る学生は、これが有理根定理だということがわかるはずだが、これまでに有理根定理を
見たことがない人は、なんだかずるいと感じることだろう。

　キュートな――近道の――証明には決定的な特徴があって、キュートであるには、定
理の申し立てに対して初等的でなければならない。何かひじょうに強力な数学に頼った
近道は、単なる「47　気の利いた」証明でしかない。

定理 $x \in \mathbb{R}$ とする。もしも $x^3 - 6x^2 + 11x - 6 = 2x - 2$ が成り立てば、$x = 1$ か $x = 4$ である。

証明 $x = 2\cos\theta + 2$ とする。このとき与えられた 3 次方程式

$$x^3 - 6x^2 + 9x - 4 = 0$$

は、

$$4\cos^3\theta - 3\cos\theta - 1 = 0$$

となる。今、三角関数の恒等式、

$$4\cos^3\theta - 3\cos\theta - \cos 3\theta = 0$$

が成り立つ。したがって $\cos 3\theta = 1$ であり、$x = 2\cos[(\arccos 1)/3] + 2$ となる。 $\square$

気の利いた

　この証明は、「巧みな」と呼ぶこともできそうだ。この近道では、藪から棒に三角関数の恒等式が出てくる。これは、16世紀のフランスの数学者、フランソワ・ヴィエトに由来する代入で、事実ヴィエトはたいへんに気の利いた人物だった[92]。スペイン王フェリペ2世がヴィエトを「黒魔術」を使ったといって非難したのは、そうとでも考えなければ、当時フランス国王アンリ4世に仕えていたヴィエトにスペインの暗号が解けたことの説明がつかなかったからだ[93]。

　定理そのものの背景と隔絶していると思われる領域から借用されてきた証明は、証明の理論を研究している人々にいわせれば、不純である。もっと純粋な証明と比べて単純に見える場合があるかもしれないが、このような証明を正確に評価する方法は明確ではない[94]。

```
Require Import Omega Arith.
Lemma WplusX_ne_YplusZ : forall w x y z:nat,
w > 0 /\ x > 0 /\ y > 0 /\ z > 0 /\ w > y /\ x > z -> w + x <> y + z.
Proof.
  intros; intuition.
Qed.
Lemma XmultY_gt_Z : forall x y z:nat, y >= 1 /\ x >= z /\ y >= z -> x * y >= z.
Proof.
  intros; destruct H; destruct H0.
    rewrite <- mult_1_r; apply mult_le_compat.
  exact H0.
  exact H.
Qed.
Ltac use_XmultY_gt_Z :=
  apply XmultY_gt_Z; intuition.
Theorem The_Cubic : forall x:nat, (x = 1 \/ x = 4 -> x^3 + 9 * x = 6 * x^2 + 4)
/\ (x = 0 \/ x = 2 \/ x = 3 \/ x = 5 \/ x = 6 \/ x > 6 -> x^3 + 9 * x <> 6 * x^2 + 4).
Proof.
  intros; split.
    intros; destruct H.
        rewrite H; easy.
        rewrite H; easy.
    intros; destruct H.
        rewrite H; easy.
      destruct H.
        rewrite H; easy.
      destruct H.
        rewrite H; easy.
      destruct H.
        rewrite H; easy.
      destruct H.
        rewrite H; easy.
    apply WplusX_ne_YplusZ; intuition.
      do 2 use_XmultY_gt_Z.
      do 2 use_XmultY_gt_Z.
      assert (x^3 = x^2 * x) by (simpl; intuition).
        rewrite H0; do 2 rewrite mult_comm.
      assert (6 * x^2 = x^2 * 6) by intuition.
        rewrite H1; apply mult_lt_compat_l; intuition; use_XmultY_gt_Z.
Qed.
```

　どの証明でもいえることだが、このテキストは、（自然数に関する）件の定理が正しいことを確認するプログラムであると同時に、確認へと向かう思考の記録でもある。ここでは、人間の証明者とコンピュータの証明者——この場合は、数多ある証明用ソフトウェアシステム[95] のうちの Coq と呼ばれる証明助手——によって「思考」が共有されている。人間の証明者としてこのバージョンを作ったのは、このプロジェクトに取り組んだ二人の学部研究生、サラ・デニスとマーシャル・パンジリナンである。また、コンピュータ助手の貢献として、圧縮データを復元するアンパック（intros、destruct、split）、リライト（rewrite、apply）、望ましい結論や目標をより簡単なサブゴールに変えるための「戦略」を適用したことが挙げられる。人間には簡単だったりイライラするほど初歩的にしか見えなかったりする作業が、コンピュータにとっては複雑である場合も多いが、Coq には広範な戦略が備わっていて、これらをインポートすることで、内在する論理的なつながり（easy、intuition、exact）を自動的に調べることができる。あるいは、人間の証明者が、Ltac というコマンドで、自身の戦略を定義することもできる。

　1976 年にケネス・アッペルとヴォルフガング・ハーケンが四色定理を証明してからというもの、数学者たちがコンピュータがチェックした証明というものをいかに不快に感じているかはさんざん語られてきた。トーマス・ヘイルズの「A proof of the Kepler conjecture〔ケプラー予想の一証明〕」が審査されて、さんざんもめた挙げ句にしぶしぶ認められたのは、そのもっとも新しい例といえよう[96]。何十年も続くこの議論を巡る斬新な観点を知りたい方は、ウェブ上の Dr. Z's Opinions を訪ねてみられるとよい。たとえば「Don't Ask: What Can The Computer do for ME?, But Rather: What CAN I do for the COMPUTER?〔コンピュータが自分のために何をできるのか、と尋ねることなかれ。むしろ、コンピュータのために自分が何をできるのか、と尋ねよ〕」といった論文が見・つかるはずだ[97]。

49

オーディング博士へ

（1 月 18 日午後 1:26 に送信された）思慮に富むメール、まことにありがとうございました。

「$(x-1)^2(x-4) = 0$ であれば $x = 1$ または $x = 4$」と表現しうるあなたの主張における x を非自明な形で表現することはできません。なぜなら、あなたの主張における x は、「**変数 ではない**」からです。x の値は、論理にかなっているか、理屈に合わない（解がない）かの いずれかでしかあり得ない。あなたの命題に合理的な解があるのは論理のおかげですが、だ からといって、そもそも論理を作り出す量子仮説が合理的であることが明らかになるわけで はない。わたしが提供する業績は、そのような合理性に関するものです。量子仮説は、不安 定性を抑え込むために論理を生み出しますが、すでに確立された調和を制約するわけではあ りません。

2017 年 5 月 5 日にわたしがお送りしたものを、繰り返し読み直していただければと思いま す。読み直せば読み直すほどに、わたしの業績が理解できるようになっていくでしょう。知 識と理解は同じではありません。論理においては、どちらも変わりやすいものです。けれど も量子を知るということは、理解するということなのです。量子は、変わりやすくない。

わたしの業績においては、第 1 世代はその元々の議論の非自明な表現です。この第 1 世代 は、元々の主張の最後の「**変数**」をその変数の非自明な論理的表現で置き換えた瞬間に、量 子仮説が作り出すものです。その瞬間に、第 1 世代を作り出す際に使われた論理に従って、 第 1 世代のなかの元々の主張が初期化される。量子仮説は、いかなる前提も変えることな く、予想——つまり元々の非自明な表現がある予想——だけを変えます。もしも第 1 世代に よって仮説の前提が変わったことが明らかになったとすれば、それは、元々の仮説が経験的 に間違っているということです。このような第 1 世代の論理的分析によって、まさに何がま ずかったのかが明らかになり、誤った主張に再び調和を確立するために何ができるのかがわ かるのです。

量子に関するわたしの業績が、あなたの著書にうまく収まるという確信があるわけではあり ませんが、ご多幸をお祈りいたしております。そして、もしもうまく収まるとお考えでした ら、喜んで協力したいと思っております。

ジョン・P・コルヴィス

追伸　わたしの業績をほかの方々と分かち合いたい場合は、最近登場した楽な方法をお試し ください。マークィーズ・フーズ・フー〔著名人の略歴を掲載した年鑑紳士録〕を出版してい る会社が、この業績を世界に広める助けとして、http://www.johnpariscolvis.com という ウェブサイトを立ち上げ、維持しております。

部外者による

ジョン・コルヴィス様

昨年春に、量子仮説に関するあなたのメールを拝受いたしました。お送りいただき、まことにありがとうございます。完全に理解できたとは申せませんが、ひじょうに興味をそそられました。

最近になってその手紙を読み返したところ、わたくしが進めているプロジェクトに応用できるかもしれない、とひらめきました。——じつは今、異なるスタイルの数学的証明に関する原稿をまとめているところなのです。各章はごく短く、まったく同じ初等的な 3 次方程式の根を導出するためのさまざまな方法を紹介していきます。歴史（古代、中世、現代）や、主要な分野（幾何学、確率論、トポロジー）や、ツール（コンピュータ、計算機、計算尺）など、じつに多様な資料に触発されたスタイルが含まれていて、数学に関心がある一般読者を対象とする著作にしたいと考えています。

各章で証明される主張は、もしも $x^3 - 6x^2 + 11x - 6 = 2x - 2$ が成り立てば、$x = 1$ か $x = 4$ というものです。

数学や科学には、プロの共同体の外で仕事をする人々による発見の例が多くあります。ニューヨーク・タイムズの記事では、かつてこのような発見は「部外者の数学（outsider math）」 (http://www.nytimes.com/2002/12/15/magazine/the-year-in-ideas-outsider-math.html) と呼ばれておりました。わたし自身の専門分野である結び目理論でもっともよく知られているのが、ケネス・パーコの例でしょう。彼はあなたと同じように、数学の正式の訓練を受けていたものの、「パーコのペア」を発見した時点では学者でなかった。

こうしてメールを認めているのは、ひょっとしてあなたのおっしゃる量子仮説を説明する命題の証明を、一つお寄せいただけないかと考えたからです。

もちろんあなたの貢献はきちんと明記されます。この著作では、各証明は 1〜2 ページの長さで、続いて、そのスタイルがどのようなパターンでどこから来ているかに関する短いコメントが紹介されます。現在、原稿は編集の最終段階に入っています。

もしもお役に立つようでしたら、喜んでこのプロジェクトとその目的に関する情報をお送りいたします。いずれにしても、メールをお送りいただき、まことにありがとうございました。

フィリップ・オーディング[98]

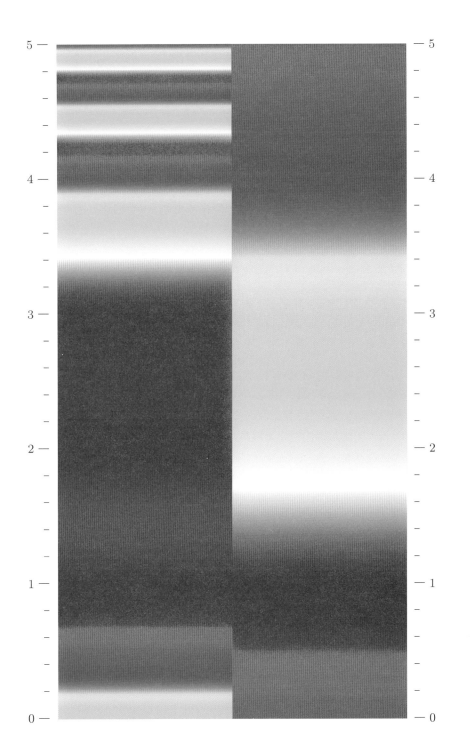

50

色による

Chromatic

この二つのスペクトルは、

$$x^3 - 6x^2 + 11x - 6 = 2x - 2$$

の両辺を表している。高さ x での
左側の色相は $f(x) = x^3 - 6x^2 +$
$11x - 6$ に比例しており、右の色相
は $g(x) = 2x - 2$ に比例している。
1単位は、色相でいえば 40° の違い
に対応している。$x = 1$ の赤い帯域
（0°）と $x = 4$ の青い帯域（240°）
が二つの解である。

色による

　この図は、自然科学に登場する「擬似カラー」図の特色をよく示している。疑似カラー図は、複雑なデータセットの特徴を色で目立たせ、明確にするためのものである（たとえば、天気図を思い浮かべていただきたい）。特に電子計算機が登場してからは、一部の数学者も複雑なデータセットに直面することになったが、雑誌論文に登場する色の付いた図は存外少ない。

　19世紀の数学者でエンジニアでもあった過激なオリヴァー・バーンは、これは明らかな手抜かりだとして、『ユークリッドの原論の最初の6冊。学習者がぐんと楽になるように、文字の代わりに色の付いた図と記号を用いたもの』を発表した。この本の序では、自分の本を使えば学生たちは色が付いていない原論の3分の1の時間でユークリッドの考えを吸収できる、というかなり強引な売り込みがなされている。しかもそのうえ、この本を非難しそうな人々に向けて、次のような抗弁が展開されている。

　　　この作品は単なる挿絵ではなく、もっと大きな目的を持っている。ここでは色を娯楽のために取り入れたわけではなく、ある種の色合いや形の組み合わせで楽しませようとしたわけでもない。精神が真理を求めるのを助けるために、指示をより手際よくするために、そして永続する知識を普及させるために、色を取り入れたのだ[99]。

　なかには、どうしても数学が色付きで見えてしまうという人もいる。たとえば物理学者のリチャード・ファインマンは「方程式を目にすると、文字に色が付いているんだ。——なぜなのかはわからない。こうして話しているときも、ジャンクとエンデの著書に載っていたベッセル関数のぼんやりした図が見えている。j は明るい黄褐色で n はかすかに青紫がかり、焦げ茶の x があたりを飛び回っている。だから、学生たちには一体全体どう見えているんだろうと思うんだ」[100] と述べている。

定理 $z^3 - 6z^2 + 11z - 6 = 2z - 2$ となるような複素数 z が存在する。そのような数はすべて、$|z| \leq 8$ を満たす。

証明 関数 f を、$f(z) = z^3 - 6z^2 + 11z - 6 - (2z - 2) = z^3 - 6z^2 + 9z - 4$ とする。z が原点を中心とした半径 $t \geq 0$ の円上を反時計回りに動くときに、$f(z)$ が複素平面上に描く経路を考える。この円の内部のすべての複素数 z に対して $f(z) \neq 0$ であれば、f の回転数 $\omega = \omega(t)$ を、この経路が原点のまわりを回っている回数で定義できる。つまり ω は原点と $f(z)$ を結ぶ直線が掃く正味の角度を表しており、2π の倍数になる。

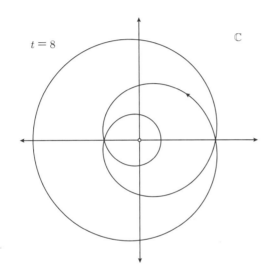

半径 $t = 0$ なら、円はじつは原点となり、原点の像 $f(0)$ は定数 -4 だから、この経路は原点のまわりを回らない。したがって $\omega(0) = 0$ である。今 $t > 8$ とすると、$|f(z) - z^3| = |-6z^2 + 9z + 4| \leq 6|z|^2 + 9|z| + 4$ が成り立つが、これは $t^2(6 + 9/t + 4/t^2) < t^2 \cdot 8 < t^3 = |0 - z^3|$ であることを意味する。よって f と立方 z^3 の距離 $|f(z) - z^3|$ は、原点から z^3 までの距離より小さい。したがってこれらの回転数は等しい。z^3 の回転数は 3 なので、$t > 8$ では $\omega(t) = 3$ となる。

これはつまり、$|z| > 8$ では $f(z) \neq 0$ が成り立つことを意味する。なぜなら一つでも根があれば、そこでは $\omega(t) = \omega(|z|)$ が定義されなくなるからだ。さらに、円板 $|z| \leq 8$ のなかには、少なくとも根 z が一つ存在するはずだ。f は z の連続関数だから、定義より ω は t によって連続的に決まる整数値の関数である。連続な整数値関数は定数しかないから、$|z| \leq 8$ に根が存在しなければ、ω は定数である。ところがこれは、ω が 0 と 3 の二つの値を取るという事実に矛盾する。 □

トポロジー的な

    この証明の手本となったのは、定数でない多項式はすべて複素平面上に一つ根を持つ、といういわゆる「代数学の基本定理」の幾何学的証明である[101]。トポロジーでも解析学と同じように連続性の概念を扱うが、その設定は実数より、さらにいえば複素数よりも一般的である。H. ペタールは 1938 年に発表した「猛獣狩りの数学的理論への一貢献」のなかで、多様な数学的スタイルによる推論の印象的なパロディーを紹介しており、そこには次のように記されている。

    7. トポロジー的手法　ライオンが、少なくともトーラスと同じ連結性を持っていることを認める。砂漠を 4 空間に変える。すると、ライオンを 3 空間に戻したときにもつれた状態になるような変形を加えることができる。そうなれば、ライオンはお手上げだ[102]。

命題

　直線上の立方体と底面が九で高さが直線の長さに等しい平行六面体が、その直線上の正方形を底面として高さが六の平行六面体と底面が四で高さが単位長さの平行六面体と等しいとき、その直線の長さは四単位長さである。

　AC を問題の直線とし、AD を AC 上の平方、AE を AC 上の立方、AT を底面が九で高さが AC と等しい平行六面体とする。さらに AI は底面が AD で高さが六の平行六面体、K は底面が四で高さが単位長さの平行六面体で、AE と AT は AI と K に等しいとする。

　このとき、AC の長さは四である。

　AC を、AB の三倍が DI と一致するような B で切る。AB 上に AZ という正方形を作る。さらに、長方形 ZD と ZC を作る。立体 AE、AT、AI を、B を通って AC に垂直な面で切る。AB 上に立方体 AH を作図して、平行六面体 HE、CH、DH を作る。このとき HE は BC 上の立方体と一致し、CH と DH の和は、AC、AB、BC に含まれる立体と一致する。

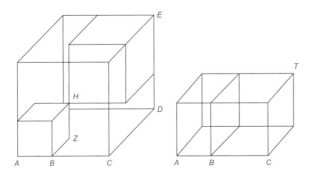

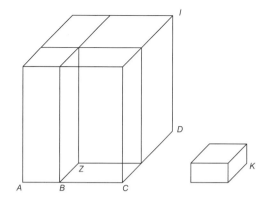

　直線を無作為に切った場合、その直線全体の上の正方形は、各部分の上の平方の和と二つの線分に囲まれた長方形の二倍を足したものに等しくなる。よって *AD* は *AZ* と *ZD* の和に *ZC* の二倍を足したものと等しい。高さが同じ平行六面体の体積は底面に比例する。したがって *AI* は、高さが六で底面が *AZ* および *ZD* の平行六面体と、高さが六で底面が *ZC* の平行六面体二つの和に等しい。

　もしも平行六面体を底面に平行な面で切ったなら、高さの比は体積の比と等しくなる。したがって、*AT* は九倍の *AB* と九倍の *BC* に等しい。

　直線を無作為に切ったとき、全体の上の立方体は、各部分の上の立方体の和と、全体と部分で囲まれた平行六面体の三倍を足したものになる。したがって *AE* は、*AB* 上の立方体と *BC* 上の立方体と *AC*、*AB*、*BC* に囲まれた立体三つの和と等しくなる。互いに一致するものは等しく、長さの和を何倍かしたものは、それぞれの長さを何倍かしたものの和に等しいから、*AE* は *AH*、*HE* の和と *DH* の三倍と *CH* の三倍の和に等しい。

仮定より、AE と AT は AI と K に等しい。したがって AH と HE と DH の三倍と CH の三倍と AB の九倍と BC の九倍の和は、高さが六で底面が AZ および DZ の平行六面体一つずつと高さが六で底面が ZC および K の平行六面体の二倍の和に等しい。等しいものから等しいものを引くと残りも等しくなるから、HE は、BT の三分の一と K の二分の一の和に等しくなる。

ところが HE は BC 上の立方体と一致し、BT の三分の一は底面が三で高さが BC の平行六面体と一致するから、おのおのが等しくなる。同じものと等しいものは互いに等しいから、BC 上の立方体は、底面が三で高さが BC の平行六面体と K の二分の一の和に等しい。

直線上の立方体が、底面が三で高さが直線の長さと等しい平行六面体と底辺が二で高さが一単位長さの平行六面体の和に等しければ、直線の長さは二単位長さと等しい。したがって BC の長さは二単位長さである。AB も二単位長さだから、AC は四単位長さとなる。

したがって、もしも直線上の立方体と底面が九で高さがその直線と等しい平行六面体が、その直線上の正方形を底面として高さが六の平行六面体と底面が四で高さが単位長さの平行六面体と等しいとき、その直線の長さは四単位長さである。まさにこれが、示すべきことだった。

　日本語でものを数える場合には、英語のように「紙が『2』」とか「鉛筆が『2』」というふうに数をむき出しで使うことはできない。その対象を数えるための言葉を付け足す必要があるのだ。紙のように薄いものなら「枚（まい）」という助数詞を付け、鉛筆のような細長いものなら「本（ほん、ぽん）」という助数詞を付ける。

　ユークリッドの『原論』では、正方形と立方体を同じ次元の何かで表さない限り、この二つを比べることができない。当時は存在しなかった負の符号を使わずに表すと、問題の 3 次方程式は $x^3 + 9x$ という体積が $6x^2 + 4$ という体積と一致すると主張していることになる。

　この証明は、立体の幾何学を扱った『原論』の XI 巻を手本として作られた[103]。じつは幾何学的な制約から即座に $AC = 1$ の場合が除外されるわけではないのだが、この証明では除外した。

　『原論』のほとんどの定理が、どうやらユークリッド独自のものではないようだが、公理や作図や命題や証明を論理的に提示するやり方は、おそらくユークリッド独自のものなのだろう。ほんの百年前のソクラテスの対話と比べても、ラカトシュのいう「演繹的スタイル」[104] は、権威主義的で現代的な感じがする。

　以前ペンシルヴァニア大学デザイン学校が主催した学際的な会議で、ユークリッドについて 1 年間研究して、ほとんどぶち切れそうになった、とある建築家に打ち明けられたことがある。当時はどういう意味なのかよくわからなかったが、今ではずっとよくわかる気がする。

言明
πρότασις

直線上の立方体と底面が九で高さが直線の長さに等しい平行六面体が、その直線上の正方形を底面として高さが六の平行六面体と底面が四で高さが単位長さの平行六面体と等しいとき、その直線の長さは四単位長さである。

この申し立ては、$x^3 + 9x = 6x^2 + 4$ という 3 次方程式の解が $x = 4$ である、ということに相当する内容を幾何学的な用語で述べている。

設定
ἔκθεσις

AC を問題の直線とし、AD を AC 上の平方、AE を AC 上の立方、AT を底面が九で高さが AC と等しい平行六面体とする。さらに AI は底面が AD で高さが六の平行六面体、K は底面が四で高さが単位長さの平行六面体で、AE と AT は AI と K に等しいとする。

$AC = x$
$AT = 9x$
$AD = x^2$
$AI = 6x^2$
$AE = x^3$
$K = 4$

具体的な記述
διορισμός

このとき、AC の長さは四である。

作図
κατασκευή

AC を、AB の三倍が DI と一致するような B で切る。AB 上に AZ という正方形を作る。さらに、長方形 ZD と ZC を作る。立体 AE、AT、AI を、B を通って AC に垂直な面で切る。AB 上に立方体 AH を作図して、平行六面体 HE、CH、DH を作る。このとき HE は BC 上の立方体と一致し、CH と DH の和は、AC、AB、BC に含まれる立体と一致する。

したがって $AB = 2$。$AZ = AB^2 = 4$
$ZD = (x-2)^2$
$ZC = 2(x-2)$
$AH = AB^3 = 8$
$HE = (x-2)^3$
$CH = 4(x-2)$
$DH = 2(x-2)^2$
$CH + DH = 2x(x-2)$

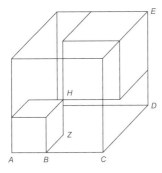
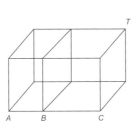

『バチカン写本』第 532 葉では C が G になっている。

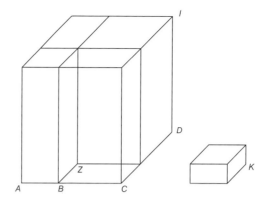

II.4
$(a+b)^2 =$
a^2+b^2+2ab

XI.32

直線を無作為に切った場合、その直線全体の上の正方形は、各部分の上の平方の和と二つの線分に囲まれた長方形の二倍を足したものに等しくなる。よって AD は AZ と ZD の和に ZC の二倍を足したものと等しい。高さが同じ平行六面体の体積は底面に比例する。したがって AI は、高さが六で底面が AZ および ZD の平行六面体と、高さが六で底面が ZC の平行六面体二つの和に等しい。

$AD = AZ + ZD + 2ZC$

$AI = 6AZ + 6ZD + 2 \cdot 6ZC$

$ZC = 2(x-2)$

$6x^2 = 24 + 24(x-2) + 6(x-2)^2$

XI.40

もしも平行六面体を底面に平行な面で切ったなら、高さの比は体積の比と等しくなる。したがって、AT は九倍の AB と九倍の BC に等しい。

$9x = 18 + 9(x-2)$

XI.43
$(a+b)^3 =$
$a^3+b^3+3ab(a+b)$

直線を無作為に切ったとき、全体の上の立方体は、各部分の上の立方体の和と、全体と部分で囲まれた平行六面体の三倍を足したものになる。したがって AE は、AB 上の立方体と BC 上の立方体と AC、AB、BC に囲まれた立体三つの和と等しくなる。互いに一致するものは等しく、長さの和を何倍かしたものは、それぞれの長さを何倍かしたものの和に等しいから、AE は AH、HE の和と DH の三倍と CH の三倍の和に等しい。

$AE = AB^3 + BC^3 + 3AC \cdot AB \cdot BC$

CN.4
V.1

$AE = AH + HE + 3DH + 3CH$

$x^3 = 8 + (x-2)^3 + 6(x-2)^2 + 12(x-2)$

仮定より、AE と AT は AI と K に等しい。したがって AH と HE と DH の三倍と CH の三倍と AB の九倍と BC の九倍の和は、高さが六で底面が AZ および DZ の平行六面体一つずつと高さが六で底面が ZC および K の平行六面体の二倍の和に等しい。等しいものから等しいものを引くと残りも等しくなるから、HE は、BT の三分の一と K の二分の一の和に等しくなる。

$AE + AT = AI + K$

$AH + HE + 3DH + 3CH + 9AB + 9BC = 6AZ + 6ZD + 2 \cdot 6ZC + K$

$8 + (x-2)^3 + 6(x-2)^2 + 12(x-2) + 18 + 9(x-2) = 24 + 24(x-2) + 6(x-2)^2 + 4$

$HE = \frac{1}{3}BT + \frac{1}{2}K$

CN.3

ところが HE は BC 上の立方体と一致し、BT の三分の一は底面が三で高さが BC の平行六面体と一致するから、おのおのが等しくなる。同じものと等しいものは互いに等しいから、BC 上の立方体は、底面が三で高さが BC の平行六面体と K の二分の一の和に等しい。

CN.4
CN.1

$HE = BC^3 = (x-2)^3$

$\frac{1}{3}BT = 3BC$

$BC^3 = 3BC + \frac{1}{2}K$

次数低下した 3 次式 $(x-2)^3 = 3(x-2) + 2$

XI.50
もし $y^3 = 3y + 2$ なら $y = 2$。

直線上の立方体が、底面が三で高さが直線の長さと等しい平行六面体と底辺が二で高さが一単位長さの平行六面体の和に等しければ、直線の長さは二単位長さと等しい。したがって BC の長さは二単位長さである。AB も二単位長さだから、AC は四単位長さとなる。

K の底面は 4 なので、K の 2 分の 1 は、底面が 2 で単位高さの平行六面体と一致する。XI.32 および CN.4 により、それらは等しい。

結論
συμπέρασμα

したがって、もしも直線上の立方体と底面が九で高さがその直線と等しい平行六面体が、その直線上の正方形を底面として高さが六の平行六面体と底面が四で高さが単位長さの平行六面体と等しいとき、その直線の長さは四単位長さである。まさにこれが、示すべきことだった。

傍注付きの

　数学の文献を読みながら、傍らにコメントを書いていくと、気を引き締めるのに役立つ。これは、「古代の注解」とも呼ぶべきスタイルで、注解付きの『原論』の例としては、たとえばデジタル化されている写本 MS D'Orville 301 がある[105]。

　ここでは証明の左の余白に、──（たとえば II.4 のような）実在と（たとえば XI.40 のような）架空の別を問わず──引用されている命題や『原論』の一般的見解、さらに命題の形式的区分けを示す様式についての文言を付記してある。『原論』の翻訳者ヒースは訳書の序文で、これらの言明、設定、具体的な記述といった用語について論じている[106]。架空の注解 XI.50 では、次数低下した 3 次方程式 $y^3 = 3y + 2$ が解かれているはずであることに注意されたい。このプロジェクトに加わった学部研究生シュウェイ・プオが指摘したように、底面が y^2 で高さが単位長さの箱を両辺に足すと、これを容積測定とみなすことができる。その方針に従ったのが、「81　狂詩風の」の証明である。

　右の余白にあるのは、幾何学を代数方程式に翻訳したものである。こうでもしなければ、証明を追うことができなかった。『バチカン写本』第 532 葉というのもじつは空想の産物で、ある文書のさまざまな版を統合した翻訳版で見つけた注解にヒントを得て作ったものである。

$$\cfrac{\cfrac{\cfrac{\cfrac{\cfrac{\cfrac{\cfrac{\cfrac{0<6 \quad 6<x}{6<x} \quad 0<x}{6\cdot x<x\cdot x}}{6x\cdot x<x^2\cdot x} \quad \cfrac{0<6 \quad 6<x}{0<x}}{6x^2+2x<x^2\cdot x+2x}}{6x^2+2x<x^3+2x}}{6x^2+2x+6<x^3+2x+6} \quad 6<x}{6x^2+2x+6<x^3+2x+x}}{6x^2+2x+6<x^3+3x} \quad \cfrac{\cfrac{\cfrac{\cfrac{\cfrac{8\cdot 0=0 \quad \cfrac{0<8 \quad \cfrac{0<6 \quad 6<x}{0<x}}{8\cdot 0<8\cdot x}}{0<2 \quad 0<8\cdot x}}{0<8\cdot x+2}}{x^3+3x<x^3+3x+8x+2}}{x^3+3x<x^3+11x+2}}$$

$$\cfrac{\cfrac{\cfrac{\cfrac{\cfrac{6x^2+2x+6<x^3+11x+2}{2x+6<x^3-6x^2+11x+2}}{2x<x^3-6x^2+11x-6+2}}{2x-2<x^3-6x^2+11x-6}}{2x-2\neq x^3-6x^2+11x-6}}{x^3-6x^2+11x-6\neq 2x-2}$$

$x = 0, 2, 3, 5, 6$ を直接計算しても同じ結果が得られる。

したがって、$x \in \mathbb{N}$、$x^3 - 6x^2 + 11x - 6 = 2x - 2$ なら、$x = 1$ または $x = 4$ である。

54

樹状の

Arborescent

133

樹状の

　この証明は、上から下へ、つまり「葉」から「幹」へと読んでいく。各水平線は、上の仮定から下の言明を得る演繹過程を表しており、同じ行に仮定が二つある場合は、二つが表には出ていない「かつ（and）」でつながっている。不等式 $6 < x$ の上の仮定が空欄なのは、これが証明の前提であるからだ。最後の行の $x \in \mathbb{N}$ は、x が自然数の集合の要素であるという仮定である。このバージョンの基になったのは、ドイツの論理学者ゲルハルト・ゲンツェンにちなんで自然演繹の「ゲンツェン・スタイル」と呼ばれている証明計算である[107]。

Dem → → → → → → → = − + − ↑ x 3 × 6 ↑ x 2 × 11 x 6 − × 2 x 2 = − + − ↑ x 3 × 6 ↑ x 2 × 9 x 4 0 = − + − ↑ x 3 × 6 ↑ x 2 × 5 x × 4 x 4 0 = + × − ↑ x 2 × 5 x − x 1 × 4 − x 1 0 = × + − ↑ x 2 × 5 x 4 − x 1 0 = × × − x 4 − x 1 − x 1 0 ∨ = − x 1 0 = − x 4 0 ∨ = x 1 = x 4 → = − + − ↑ x 3 × 6 ↑ x 2 × 11 x 6 − × 2 x 2 ∨ = x 1 = x 4

55

前置記法による
Prefix

前置記法による

　算術演算を表す記号、＋、−、×、÷は、通常 $2+3$ や $x-4$ というふうに、作用する数と数の間に置かれる。このいわゆる挿入記法には一つ欠点があって、演算を連続して行う場合には、ある種の約束事（つまり「演算の順序」）を明確にしておくか、括弧を挿入しないと曖昧さが生じる。たとえば、$(4-3)-1 \neq 4-(3-1)$ なのだ。

　ポーランドの論理学者ヤン・ウカシェヴィチはこれらの括弧を使わずに済ませるために、前置記法——本人にちなんで「ポーランド記法」とも呼ばれている——を考案した。この場合、二つの被演算数の間にあった演算子は表現の先頭に移る。この記法では、先ほど述べた引き算の合成は $-\,-\,4\,3\,1$ と $-\,4\,-\,3\,1$ で表される。わたしたちが関数を $f(x,y)=x-y$ と書くとき、じつはある種の前置記法が使われているのだ。

　これは、文の形をした論理を単純にするための便法で、たとえば「a は b と等しい」「ϕ なら ψ」「P は Q の立証（demonstration）である（または証明である）」という言明は、$=a\,b$、$\rightarrow \phi\,\psi$、$\mathrm{Dem}\,P\,Q$ となる。証明そのものは、「4　初等的な」の筋に従っている。次の「56　後置記法による」も参照されたい。

$x\ 3 \uparrow 6\ x\ 2 \uparrow \times - 11\ x \times + 6 - 2\ x \times 2 - = x\ 3 \uparrow 6\ x\ 2 \uparrow \times - 9\ x \times + 4 - 0 = \rightarrow x\ 3 \uparrow 6\ x\ 2 \uparrow \times - 5\ x \times + 4\ x \times + 4 - 0 = \rightarrow x\ 2 \uparrow 5\ x \times - x\ 1 - \times 4\ x\ 1 - \times + 0 = \rightarrow x\ 2 \uparrow 5\ x \times - 4 + x\ 1 - \times 0 = \rightarrow x\ 4 - x\ 1 - \times x\ 1 - \times 0 = \rightarrow x\ 1 - 0 = x\ 4 - 0 = \vee \rightarrow x\ 1 = x\ 4 = \vee \rightarrow x\ 3 \uparrow 6\ x\ 2 \uparrow \times - 11\ x \times + 6 - 2\ x \times 2 - = x\ 1 = x\ 4 = \vee \rightarrow \mathrm{Dem}$

56

後置記法による

Postfix

後置記法による　　　　　　一つ前の「55　前置記法による」とは逆に、この場合は演算記号が作用を受ける対象の直後に置かれる。この記法は逆ポーランド記法（Reverse Polish Notation）、RPN とも呼ばれていて、ある種の電子計算機のデフォルトのスタイルになっている。純粋主義者は、効率がよいというので RPN 計算機を好む。括弧をうっちゃるのはたいへん格好のよいことだが、それだけでなく、入力の待機リスト（つまりスタック）に要素を押し込んだり引き抜いたりするときの奇妙な満足感も、その魅力の一端を担っていると思われる。この記法にはきわめて明確な欠点があって、誤字脱字がひじょうに見つけにくい。実際、最後に見つけたミスは自分で修正しておいたが、それでももっと間違いがありそうな気がしているのだ。

$x^3 - 6x^2 + 11x - 6 = 2x - 2$ を解く。

1. Y= を押して、関数エディタを表示する。

2. X ^ 3 − 6 X x^2 + 1 1 X − 6 を打ち込む。

3. ▼を使って第二の関数を入力する。

4. 2 X − 2 を打ち込む。

5. GRAPH〔グラフ〕を押す。

6. CALC〔計算〕メニューから intersect〔交点〕を選ぶ。

7. ▼か▲を使ってカーソルを第一の関数に持ってゆき、ENTER を押す。

8. ▲か▼を使ってカーソルを第二の関数に持ってゆき、ENTER を押す。

9. ▶か◀を押してカーソルを交点の位置と思われるところに持ってゆき、ENTER を押す。

   結果を示すカーソルは解の上にあり、その座標である $(4, 6)$ が示される。

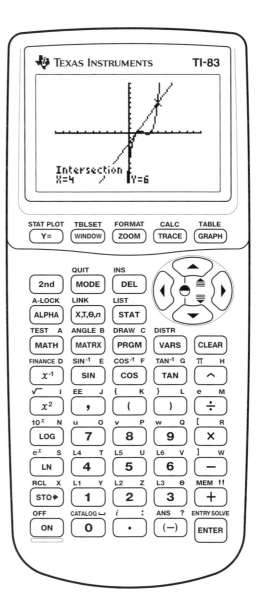

57

電卓による

Calculator

電卓による

　1970 年代にマイクロチップが登場したおかげで、手持ちの計算機を商業ベースで作ることができるようになった。メインフレーム・コンピュータの威力と、「75　計算尺を使った」のような祖先の手軽さに触発された、新たなテクノロジーの登場である。今となってはそこら中にスマートフォンがあるので、ポケット電卓も計算尺なみに時代遅れになったと思われるかもしれない。

　ところが、時代遅れにはなっていない。皮肉なことに、標準テストの実施団体や学校教師が電卓を好むのは、電卓の能力に限界があるからなのだ。なにしろ電卓では電話はできないし、ウェブも閲覧できないし、メッセージを送ることも、自撮りをすることもできないのだから。テキサス・インスツルメンツ社は、レーザー誘導爆弾なども作っている何十億ドル規模の企業だが、その一方で教育用電卓のグラフ計算機の市場で常に優位に立ってきた[108]。この図の電卓はテキサス・インスツルメンツ社の TI-83 で、1996 年に登場した当初は 100 ドルほどだった。

　この 20 年間、これらの計算機の価格は据え置かれたままで、性能もほとんど向上していない。しかしそれでも、よい気晴らしの種にはなる。なにしろ、プログラムすることができるのだから。今でもはっきり覚えているのだが、高校の AP 微分積分学〔大学レベルの微分積分学〕の先生は、同級生たちがシェルピンスキーの三角形をプログラムする方法を思いついたとき、はじめは誇らしげだったのが、次第にいらだち始めた。なぜなら誰もがその画面から目を離せなくなったからだ。また、さらに野心家のユーザーたちは、OS をハッキングして、「テキサス・インスツルメンツの署名鍵論争〔テキサス・インスツルメンツ社のデバイスの RSA 暗号の鍵を解読するプロジェクトへの当該社の対応に端を発する論争〕」を引き起こした[109]。

　このバージョンは、ハリファックスにあるセントメアリー大学のロバート・ドーソンの着想に基づくもので、電卓の画像についてはテキサス・インスツルメンツ社の許諾を受けている。

定理　x が実数で、$x^3 - 6x^2 + 11x - 6 = 2x - 2$ が成り立てば、$x = 1$ か $x = 4$ である。

証明　方程式の解は、$x^3 - 6x^2 + 9x - 4$ という多項式の根である。しかしここでは、これが

$$y^4 + 3y^3 + 6y^2 + 7y + 3$$

という 4 次多項式のレゾルベント方程式であることに注意する。4 次方程式の四つの根とレゾルベント 3 次方程式の三つの解の間には、次のような関係がある。

$$x_1 = y_1y_2 + y_3y_4$$

$$x_2 = y_1y_3 + y_2y_4$$

$$x_3 = y_1y_4 + y_2y_3$$

問題の 4 次多項式は $(y+1)^2(y^2+y+3)$ と因数分解できるので、一般性を失うことなく、$y_1 = y_2 = -1$、$y_3 = (-1 + \sqrt{-11}\,)/2$、$y_4 = (-1 - \sqrt{-11}\,)/2$ と置くことができる。したがって問題の 3 次方程式の根は、$x_1 = 4$、$x_2 = 1$、$x_3 = 1$ となる。　　　　□

「計画が野心的であればあるほど、成功のチャンスは増える」。これは、ジョージ・ポリアが「発見学の小辞典」で定義した「発明家のパラドックス」である[110]。ここでは、3次方程式を4次方程式の観点から眺めて解いている。3次方程式を2次のレゾルベント方程式に帰着させれば解けるのと同じように、$y^4 + py^3 + qy^2 + ry + s$ という形の4次多項式を $x^3 + bx^2 + cx + d$ という形の3次多項式にして解くことができる。ただし係数の間には、

$$b = -q$$
$$c = pr - 4s$$
$$d = 4qs - r^2 - sp^2$$

という関係がある。誤解のないようにいっておくと、因数分解にしろそれ以外の方法にしろ、4次方程式のほうが3次方程式より簡単に解けるとする根拠は一つもない。しかしこのバージョンは、それ以外のやり方では手に負えない問題を解く場合によく使われる操作の例となっている。たとえばカルダーノの方法は、ある種の「発明家のパラドックス」である。なぜなら、3次方程式をまず次数を2倍にしてから解くからで、これについては「25 開かれた協働」を参照されたい。このようなやり方は、どのようなときにうまくいくのか。ポリアは、「より野心的な計画のほうが成功のチャンスが増えるのは、それが単なる野心ではなく、目の前に見えているものを超えたビジョンに基づいている場合に限られる」と述べている。とはいえ単なる野心から出発したとしても、時には目の前に見えているものを超える何かが垣間見えることがある。

日付　2011 年 8 月 3 日

発明者
　住所または居所　米国、ニューヨーク州、ヨンカーズ
　氏名　W. ヘッデン

特許出願人
　住所または居所　米国、ニューヨーク州、ヨンカーズ
　氏名または名称　OBM 社

何らかの権利放棄がなされている場合を除いて、この特許の期間は米国特許法第 154 条 (b) 項により、0 日延長、すなわち調整される。

出願番号　20/110728

出願日　2010 年 10 月 15 日

米国出願関連データ　2009 年 1 月 12 日に出願された出願番号 19/222025、現在の特許番号 18230110

国際特許分類　G06F7/38

米国特許分類　708/446

引用文献　米国特許 6823352 B2、11/2004 ウォールスターら、708/446

主任審査官　D. ラスムッセン

代理人　ゾルタン LLP

登録商標　OBM® は、オズバス・ビジネス・マシーン社（米国、ニューヨーク州、ヨンカーズ）の登録商標である。

発明の名称　この発明の情報開示は、コンピュータシステムにおける根の発見過程と関係している。より具体的には、この開示はコンピュータシステムを用いて 3 次の多項方程式を解くための方法と装置と関係がある。

要約　コンピュータが実行することで、コンピュータシステムに $x^3 - 6x^2 + 11x - 6 = 2x - 2$ という 3 次方程式を解かせるための指示を記憶したコンピュータ可読記憶メディア。この手法は反復根を活用し、関連する 3 次方程式とその導関数にユークリッドのアルゴリズムを適用して、根が $x = 1$ と $x = 4$ であることを突き止める。この手法は、既存のコンピュータで根を求めるほかの戦略を行ったときと比べて、特に効率的である。

請求の範囲　以下のものを請求する。

1. コンピュータが実行することで、コンピュータシステムに $x^3 - 6x^2 + 11x - 6 = 2x - 2$ という 3 次方程式を解かせるための指示を記憶したコンピュータ可読記憶メディア。その方法は図 1 にあるように、以下のものを含んでいる。
   　コンピュータシステムへの 3 次方程式の入力、
   　3 次式の左辺 A からの右辺 B の記号的な引き算、
   　方程式の、標準形の P = A − B という 3 次方程式への変形、
   　P の x についての微分、
   　P の微分 P′ と等しい Q の設定、
   　Q = 0 という方程式の真理値のクエリ

2. 請求 1 で言及したコンピュータ可読記憶メディアは、さらに次のものを含む。
   　Q = 0 が偽である場合、P を Q で割った剰余 R の算出、
   　P と Q の等置設定、
   　Q と R の等置設定、
   　請求 1 の最後のクエリの反復

3. 請求 1 で言及したコンピュータ可読記憶メディアは、さらに次のものを含む。
   　Q = 0 が真である場合、1 次方程式 P = 0 を満たす x の算出、
   　x_1 とこの解の等置設定、
   　1 次方程式 $(A − B)/(x − x_1)^2 = 0$ を満たす x の算出、
   　x_2 とその解の等置設定、
   　その解の組、$[x_1, x_2] = [1, 4]$ の出力

4. 請求 1 のコンピュータ可読記憶メディアの方法は、最適化過程の一環として実行される。

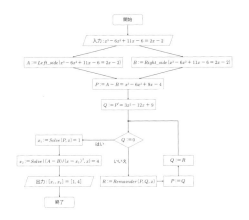

図 1

特許風の

　現行の法的合意によれば、数学で特許を取ることはできないが、じつはさまざまな発明開示の核心に数学が存在する。米国特許番号6285999「リンクしたデータベースにおけるノードのランク付けの方法」は特に強力な例で、これについてはみなさんも——この特許を取得した発明の応用のおかげで——インターネットで容易に調べられるはずだ。また、この特許が属するクラス708/446「方程式の解法」だけでなく、現在の米国特許商標局の区分には、たとえば、707/380「暗号学」、708/250「乱数製造」、708/443「微分」、そして708/492「ガロア体」など、数学の匂いがするさまざまなクラスがある[111]。

　数学の公式とその公式を表現するアルゴリズム、さらにはそのアルゴリズムを実行するように作られた電子回路の境界線は、決して明確ではない。技術の進歩とともに、数学を巡る特許の請求は最高裁に帰せられるようになってきた。1939年の「マケイ電信電話社対アメリカ・ラジオ社」（306 U.S. 86）の裁判における最高裁の意見がその典型で、そこには「科学的な真理、またはそのような真理の数学的表現は、特許を取得できる発明ではない。しかし、科学的な真理を知ることで生み出された新しく有益な構造は、特許を取得できる発明になるだろう」と記されている。

　このスタイルの形と言葉の基になっているのは、米国特許番号6823352 B2、ウォルスターらの「区間演算と項の一貫性を通じた非線形方程式の解法」である[112]。

定理 x が実数で、$x^3 - 6x^2 + 11x - 6 = 2x - 2$ が成り立てば、$x = 1$ か $x = 4$ である。

証明 与えられた方程式と同等な 3 次方程式 $x^3 - 6x^2 + 9x - 4 = 0$ の根を、作図で得る。

任意の点 O から、O の右側に、x^3 の係数である 1 の長さの線分 OA を引く。A から、OA に垂直に、x^2 の係数である 6 の長さの線分 AB を降ろす。B から、AB に直交する形で左に向かって、x の係数である 9 の長さの線分 BC を引く。最後に、C から、定数項の 4 と同じ長さの線分 CD を垂直に引いて経路を完成する。

これによって、O から D までの四つの辺からなるすべての角が直角な経路 $OABCD$ が描かれたことになる。そのうえでこれとは別の、やはり三つの辺からなっていてすべての角が直角で、O から D に向かう経路 $OA'B'D$ を、中間の頂点 A'、B' がこの順序で最初の経路の辺 AB、辺 BC に載るように描ければ、そのときの AA' の長さを表す値が、問題の方程式の一つの根になっている。

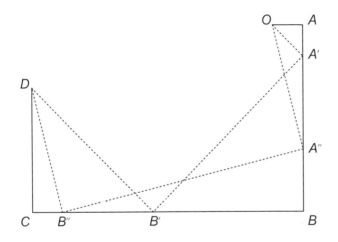

$x = AA'$ が問題の方程式を満たしていることを確認するには、まず三角形 $\triangle OAA'$ と $\triangle A'BB'$ の対応する角が等しいから、この二つの三角形が相似である、という点に注目する。ここから $OA : AA' = A'B : BB'$ が成り立ち、これを x を使って表すと $1/x = (6-x)/BB'$ となる。そこから $BB' = x(6-x)$ となり、$B'C = 9 - x(6-x)$ が成り立つ。ところが $\triangle B'CD$ と $\triangle A'BB'$ は相似だから、$\triangle OAA'$ とも相似である。したがって $1/x = [9 - x(6-x)]/4$ となるが、ここから簡単に問題の多項式を復元することができる。

O から D へ至るすべての角が直角な経路には、$OA'B'D$ と $OA''B''D$ の 2 種類がある。このとき二つの線分 AA'、AA'' は、問題の方程式の二つの根を表している。これらの線分はこの順序で、OA と OA の 4 倍に等しい。しかもこの二つは OA の右側にあるから、根は正である。よって主張にある通り、根は 1 と 4 である。 □

19世紀オーストリアのエンジニア、エデュアルト・リルは、このような作図によって、3次方程式に留まらず、任意の次数の多項式を解く手法を編み出した[113]。リルは、この作図に必須のすべての角が直角であるような経路の見つけ方を説明していないが、（たとえば試行錯誤によって）いったん見つけてしまえば、それらが求める根であることは容易にわかる。最後の方程式

$$\frac{1}{x} = \frac{9 - x(6 - x)}{4}$$

に $4x$ を掛けて分母を払うと、

$$4 = x(9 - x(6 - x))$$

となるが、これは本質的に、問題の3次方程式のいわゆるホーナー形式で、イギリスの数学者ウィリアム・ホーナーにちなむこの手法を使うと、$x = x_0$ における多項式 $p(x)$ の値を手っ取り早く評価することができる。ただし $p(x_0)$ とは、最高次の係数から始めて、係数に x_0 を掛けて係数を足したものに x_0 を掛けてから係数を足すという操作を繰り返したもの〔$((\cdots + a_2)x_0 + a_1)x_0 + a_0$ という入れ子の形になる〕である。つまりリルの手法は、図示されたホーナーの方法なのだ。リルの図では、各和は直角三角形の底を設定することで表され、各積は相似な三角形を作ることで表されている。

果たしてクノーは、『文体練習』をまとめるにつれて、自分の作家としての振る舞いや言語への理解が崩れていくと感じていたのだろうか。わたし自身は、このプロジェクトに着手してから2年が経ったときに、じつは自分が多項式のなんたるかを理解していなかった、ということに気がついた。そして今では、足し算や掛け算もほんとうに理解しているかどうか怪しいものだと思っている。

定理 $p = (X^3 - 6X^2 + 11X - 6) - (2X - 2)$ として、$I \subset \mathbb{R}[X]$ を p が生成する主イデアルとする。もしも $X - x + I$ が商環 $\mathbb{R}[X]/I$ のゼロ因子なら、$x = 1$ または $x = 4$ である。

証明 $\mathbb{R}[X]/I$ では、$((X - 1) + I)((X - 1) + I)((X - 4) + I) = 0$ が成り立つ。なぜなら、

$$(X - 1)(X - 1)(X - 4) = X^3 - 6X^2 + 9X - 4 = p$$

だから。さらに、$\deg(X - 1) = \deg(X - 4) = 1$ は 3 次式 p の次数より小さいから、$(X - 1) \notin I$ と $(X - 4) \notin I$ が従う。よって $X - 1 + I$ と $X - 4 + I$ は $\mathbb{R}[X]/I$ におけるゼロ因子である。$\mathbb{R}[X]$ は一意分解整域であるから、この二つだけが $\mathbb{R}[X]/I$ の線形ゼロ因子である。□

　アメリカの大学の学部における数学カリキュラムの核心をなす二つの講座を、「現代（あるいは抽象）代数」、「現代解析」（「42　解析的な」を参照）と呼ぶことがある。この二つの講座で紹介される数学は、数学史の観点からいうと19世紀のもので、この時代に登場した高いレベルの抽象性に立脚して、数学に迫ろうとする。そのような高度な抽象性があればこそ、いたるところで微分不可能な連続関数や非ユークリッド幾何学や、記号論理学や集合論などの発展が可能になったのだ。そしてこのような展開は、どうやら数学者にスタイル自体を意識させるようになったらしい。20世紀に大学院レベルでもっとも大きな影響力を持っていた数学の教科書の一つに、ファン・デル・ヴェルデンの『現代代数学』がある。エミール・アルティンとエミー・ネーターとの講義に基づくこの教科書は、今もその説明の質の高さが称賛されている[114]。20世紀のアメリカ数学を率いてきたソーンダース・マックレーンによると、「シンプルだが質素なそのスタイルは、ほかの分野でも数学の教科書のお手本となっている。抽象的でありながら学者くささがなく……明晰でわかりやすい提示の明確な例を……提示している」のである[115]。

　このような現代的なスタイルに対して、あまりに形式的すぎると批判する人もいれば（「6　公理的な」、「33　微積分学による」の後のコメントを参照）、まだ十分に形式的ではないと感じている人もいる（「18　ギザギザの」を参照）。

　代数学のこの抽象的な概念形成において、多項方程式は（3次だろうと何次であろうと）無限にある多項式全体で構成された集まりのなかの一点、一つの数とみなされる。$\mathbb{R}[X]$ で表されるその集まり全体は、「変数 X の多項式環」と呼ばれていて、もっとなじみがある整数などの数の体系にも共通するさまざまな性質や演算を備えている。たとえば、二つの多項式を足したり掛けたりする自然なやり方があるのだ。固定された多項式 p が生成する主イデアル $I-(p)$ とは、p に $\mathbb{R}[X]$ のすべての多項式を掛けて得られる多項式の集まりのことである。

　主イデアルは、つま弾いた糸から発せられるさまざまな倍音のように、p を含む環 $\mathbb{R}[X]$ と p との関係を表している。p そのものを分析するために、たとえば I のすべての要素がゼロと等しい、と宣言する場合がある。すると $\mathbb{R}[X]/I$ で表される商が得られ、この商自体が足し算と掛け算の二つの演算子とゼロ元を有する環になる。ただし整数の環や多項式環と違って、$\mathbb{R}[X]/I$ という環には、それ自身はゼロではないのに積がゼロになる要素が含まれている可能性がある。このバージョンで紹介した3次方程式の現代的な解法は、このような抽象的な視点に立ったときに、それらの「ゼロ因子」のなかから必要な p の因子を見つけることができる、という事実に基づいている。この着想から展開した現代代数幾何学の分野では、今もひじょうに活発に研究が行われている[116]。

軸測投象的な
Axonometric

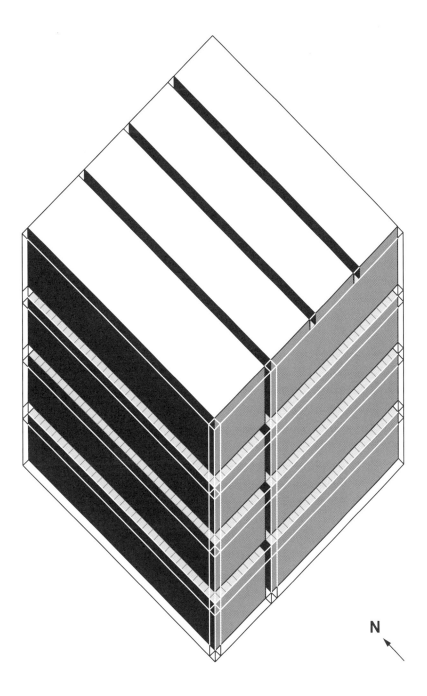

N

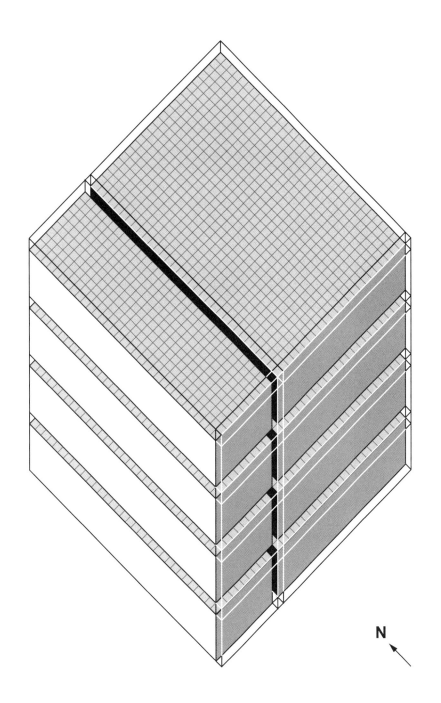

N

軸測投象的な

アメリカのきわめてモダニズム的な建築家、ピーター・アイゼンマンは、イタリアの建築家ジュゼッペ・テラーニに関する論文で、二つの空間の操作的概念化を確認している。

第一の方法では、空間を引き算的に、立体から取り去るものとして考える。……第二の空間概念では、すでにルネサンスに先行例があるが、空間を足し算的に、1 組のトランプのようないくつもの層からなっているものとして捉える。……具体的な形の最初の印付けは、虚空を埋めるのであれば足し算として、立体から取り去るのであれば引き算として考えることができる[117]。

これらの図は、テラーニが 1936 年にコモに作ったカサ・デル・ファッショ〔ムッソリーニ時代にファシスト党の地方支部として作られた建物〕にヒントを得て、空間を引き算的に捉えたうえで、証明全体を、量塊性に関する二つの異なる研究として視覚化したものである。

第一の図では、$x^3 - 6x^2 + 11x - 6 - (2x - 2)$ という体積が、$(x-1) \times (x-2) \times (x-3)$ という積から $(x-1) \times 1 \times 1$ の 2 倍を引いたものとして表されている。このとき各項の三つの因子は、その順番で南北の方向、東西の方向、高さを測っている。屋根に切り込んだ 2 本の黒い溝は $(x-1) \times 1 \times 1$ の 2 倍を引くことを表している。

第二の図では、同じ体積が $(x-1) \times (x-1) \times (x-4)$ という積で表されている。天井を取り払って西の面に付けたところを想像すれば、これら 2 枚の図が同値であることがわかる。

体積に関するもう一つの分析は、「10　言葉抜きの」を参照されたい。

63

封筒の裏の
Back of the Envelope

封筒の裏の

　　イタリアの物理学者エンリコ・フェルミは、封筒の裏面やちょっとした紙切れに収まる程度の詳細だけを用いて、すばやく巧みにきわめて正確な評価をしてみせることがじつに上手だった。いわゆる「フェルミ問題〔実地調査が難しい量を論理的に短時間で見積もる問題〕」では、学生たちはごくわずかな前提に基づいてそのような評価を行わねばならない[118]。その典型的な例として、「シカゴにはピアノの調律師が何人いるか」という問題がある。

　　ここで紹介した短い答えでは、まず $x = 1$ を推測しておいて、多項式のための筆算の割り算「組み立て除法」を簡略化した方法で 3 次多項式を $x - 1$ で割って答えを得ている。

$$x^3 - 6x^2 + 9x - 4 \quad \text{roots} \quad 1, 4$$

$$1 - 6 + 9 - 4 = 0$$

$$
\begin{array}{r|rrrr}
 & 1 & -6 & 9 & -4 \\
 & & 1 & -5 & 4 \\
\hline
1 & 1 & -5 & 4 & 0 \\
\end{array}
$$

$$x^2 - 5x + 4$$

$$(x-1)(x-4)$$

定理（L.） $\mathbb{R}$ における $P = x^3 - 6x^2 + 11x - 6 - 2x + 2$ の根は、$x = 1, 4$。

$S^3(k^{2*})$ を、$Char(k) \neq 2, 3$、つまり標数が 2 でも 3 でもない k 上の 2 変数 3 次式のベクトル空間とする。

定義 $S^3(k^{2*})$ 上のシンプレクティック構造：$P = ax^3 + 3bx^2y + 3cxy^2 + dy^3$ と $P' = a'x^3 + 3b'x^2y + 3c'xy^2 + d'y^3$ に対する閉じた非退化 2 次形式

$$\omega(P, P') = ad' - da' - 3bc' + 3cb'$$

ただしリー代数 $\mathfrak{sl}(2, k)$ は k^{2*} に作用。
$S^3(k^{2*}) \to \mathfrak{sl}(2, k)$ のモーメント写像 μ：

$$\mu(P) = \begin{pmatrix} ad - bc & 2(bd - c^2) \\ 2(b^2 - ac) & -(ad - bc) \end{pmatrix}$$

モーメント写像のノルムの 2 乗：

$$Q_n(P) = -\det \mu(P)$$

命題（スラペンスキ - スタントン、2012） k 上で $P = ax^3 + 3bx^2y + 3cxy^2 + dy^3 \neq 0$、$ad - bc \neq 0$ で $Q_n(P) = 0$ とすると、

$$P = \left(-(b^2 - ac)x + \frac{1}{2}(ad - bc)y \right)^2 \left(\frac{a}{(b^2 - ac)^2}x + \frac{4d}{(ad - bc)^2}y \right)$$

が成り立つ。

定理の証明 $x \mapsto \xi + 2$ によるチルンハウス変換で、$P \mapsto P' = \xi^3 - 3\xi - 2$、$P'' = \xi^3 - 3\xi y^2 - 2y^3$、と同次化される。このとき $\mu(P'') = \begin{pmatrix} -2 & -2 \\ 2 & 2 \end{pmatrix}$、$Q_n(P'') = 0$ が成立。

$$\text{命題より} \Rightarrow P'' = (\xi + y)^2(\xi - 2y)$$
$$\Rightarrow P' = (\xi + 1)^2(\xi - 2)$$
$$\Rightarrow P = (x - 1)^2(x - 4)$$

研究セミナーでの

　大学の数学教室では、通常毎週、たとえば数論、解析学、トポロジー、幾何学、組合せ論といったさまざまな研究領域のセミナーが行われる。その大学の人間や別の数学教室から訪れた人物が講演者となり、最近自分が発見したことを紹介するのである。それらの講演は、いくつかの冗談やら背景に関する注意などから始まって、急速に現代数学の特徴ともいうべききわめて専門的な形式的表現へと向かう。

　講演者は、黒板、デジタルのプロジェクター、あるいはそれよりまれな例としてはオーバーヘッドプロジェクター〔専用のシートを使ってテキストや画像を拡大し、参加者に示す装置〕を用いて、専門的な詳細の概略を定義、定理、補題（定理を得るための補助的命題）、一つないし複数の証明の順に述べていく。テキストは講演者の言葉で補われることもあって、ここで紹介したスタイルのようにどちらかというと短い。最初の5分ないし10分を過ぎると、専門家でない人には内容が理解できなくなる場合が多い。たまに、専門の如何に関わらず、参加している誰かが居眠りし始める。講演が終わると拍手が起きて、一つ以上の質問があり、再び拍手が起きる。きわめて隠遁癖が強い人々はさておき、研究数学者たちの成功を支えているのは、このような講演会への出席であり、そこでの講演なのだ。

　ニューヨーク市立大学シティカレッジのグォータム・チンタはわたしに、「2元3次式の特別なシンプレクティック構造」という論文があることを教えてくれた[119]。著者であるストラスブールにあるルイ・パスツール大学のマーカス・J・スラピンスキと、オハイオ州立大学のロバート・スタントンは、その論文で任意の3次方程式の実根を求めるカルダーノの公式を導いており、ここで示した定理はその些細な応用である。謙譲を美徳とする習慣があるので、講演者は、得られた結果に自分の名前のイニシャルを付けて自分の手柄とすることになる。したがって、たとえばフランソワ・ル＝リヨネが証明した定理は、おそらくここにも書いたようにL.となるか、あるいはLe L.となる。

　講演の前や後の昼食や夕食あるいは「65　お茶の時間」には、さらに砕けた議論が行われることがある。

アルファ「たいへんよいお話でしたね」

ラムダ「ありがとう」

ベータ「いやあ、とてもよかった。とはいっても、わたしはシンプレクティック幾何学のことを何も知らないんですが。こんなふうに3次方程式にシンプレクティック幾何学が応用できるなんて、面白いなあ。ほら、xの3乗引く……何でしたかね？」

ラムダ「あれは、xの3乗引く$6x$の2乗足す$9x$引く4と考えられるんです」

アルファ「このシンプレクティック構造は、kの2乗というベクトル空間から関手的に継承されているわけですか？」

ラムダ「その通りです」

デルタ「やあ、ゼータ教授じゃありませんか！」

ゼータ「うむ」

ガンマ「お話を伺うことができず、ほんとうに申し訳ありませんでした。審査会で、物理学教室に行かねばならなくて。物理といえば、あなたは古典力学に関心がおありでしたかね？」

ベータ「はあ？　いやあ、実のところ、関心はなかった気がしますねえ」

イプシロン（デルタに向かって）「ほら、ブドウをお一ついかがですか。紫で取り替えられるのは？〔ブドウ＝グレープと群＝グループをかけた駄洒落〕」

デルタ（イプシロンに向かって）「ああ、ありがとうございます」

アルファ「対象物の動きを位置とモーメントでモデリングするとしたら、これらの変数は、シンプレクティック形式を備えた多様体上でスムーズに変動します。基本的に、領域を積分する方法としてなんですが。ただし、領域は単なる領域ではありません。じつはどれか一つの物理法則を表す保存量なんです……」

ゼータ「誰だ、クッキーを全部食べたのは！」

アルファ「教授、ちょうど秘書が持って行こうとしていたところでして」

ゼータ「ああ、そうかね。別にきみだと思ったわけではない。あの院生連中の誰かが……」

ガンマ「じつは、今朝の論文審査でハミルトニアンが登場しましてね」

ラムダ「わたしは物理には関心がなかったんですが、わたしが用いたスラピンスキとスタントンの結果は、ハイゼンベルク次数付きリー群のシンプレクティック幾何学に関する問いが大きな動機になっているんです」

ガンマ「おやまあ、量子力学ですか！」

ベータ「それで、わたしが理解した限りでは、それらのシンプレクティックな対象物とモーメント写像とそのノルムの2乗の値がわかりさえすれば、3次多項式を因数分解できるということでした。でも、なぜなのでしょう？」

アルファ「ノルムの2乗は本質的に判別式なんじゃないですか」

65

お茶の時間
Tea

157

お茶の時間

ラムダ「まさにその通りで、ノルムの 2 乗は、判別式にマイナスの符号を付けて 27 で割ったものになっているんです」

ベータ「なるほど。ということは、モーメント写像のノルムの 2 乗が消えると、判別式がゼロになって、重根が得られるというわけですね。おお、一つ賢くなりました。ありがとう！」

ラムダ「どういたしまして！」

ゼータ「おや、アーベル・ブドウじゃないか！〔前ページのイプシロンと同じ、アーベル群 ＝ 可換群とかけた駄洒落〕」

158

お茶の時間

　大学の数学教室ではお茶の時間が取られていることが多く、大勢の教員やポスドク、院生、そして時には学部生が姿を表す。研究セミナー自体がお茶の時間とつながるように設定されていて、お茶が供される談話室やラウンジが非公式な議論の場になる場合もある。ウィリアム・サーストンは、公式のコミュニケーションのやり方と非公式なコミュニケーションのやり方を比較して、「［研究に関する］談話会では、みなどちらかというと儀式張っていて抑圧的になる。聴いている側が、ほとんどの人が抱いた疑問をあまり上手に投げかけられない場合が多く、話をする側が事前に用意した概要が現実に即していないこともよくあって、何か質問をといわれても、尋ねにくかったりする」と述べたうえで、これに対して、「一対一では、正式な数学の言語に留まらず、より広範なコミュニケーション回路を使うことになる。身振り手振りを使ったり、絵や図を書いたり、音を出したり、全身を使って中身を伝えようとするのだ」と述べている[120]。

　実際にどんなことが行われているのかを知りたい方は、少なくとも一人の民族誌学者が談話室に陣取ってその答えを見つけているので、そちらを参照されたい[121]。このバージョンは、ラムダによる「64　研究セミナーでの」での講演が終わった後の談話室での架空の会話として作られた。学部によって、職位や年功序列といった階層の力学がむき出しの所もあれば、それほどでもない所もある。わたし自身は寡聞にして、イプシロンがゼータにふっかけた駄洒落の由来を知らないが、数学に関する悲惨なジョークや駄洒落もまた、ああここは数学教室なんだな、と思わせてくれる要素の一つなのである。

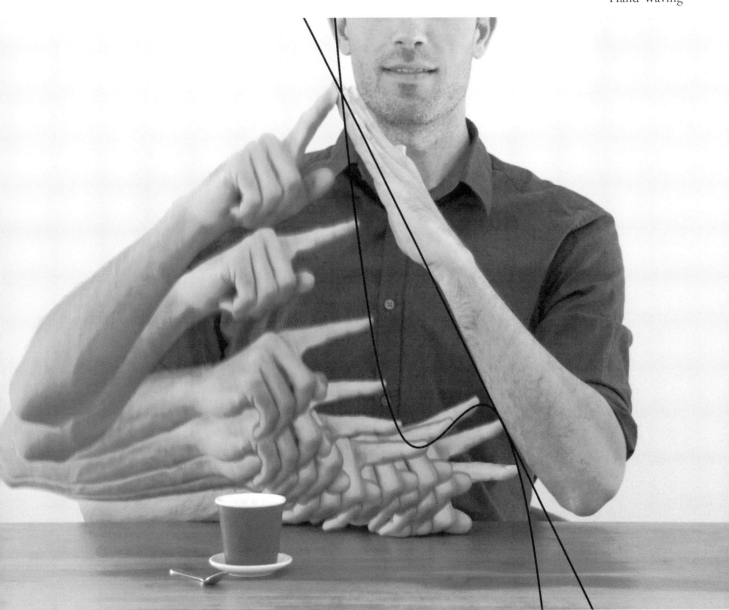

66

手振りによる
Hand Waving

手振りによる

　「手振りによる証明」という言い回しには、通常、軽蔑や皮肉が込められている。ロタは、ある風変わりな教授を巡る回想のなかで、手振りが登場する場面を描写している。「その教授の講義は騒々しくて面白かった。黒板に、ひげの多い美しいイタリックでたいへん大きな文字を書く。講義の初めから終わりまで、黒板には巨大な公式がたった一つ登場するだけという場合もあって、後はすべて手振りで済ませる。証明には──あれが証明といえるのなら──欠陥があることが多かった。それでも説得力があって、教授の説明が終わると、その結果がくっきりと記憶に残る。そして主要な着想は、決して間違っていなかった」[122]。

　認識科学者のラファエル・ヌーニュスとジョージ・レイコフが（いささか異論含みの）数学的概念の分析を行うにあたって出発点としたのは、数学的な概念は感覚運動経験に基づいている、という原理だった。二人が提示している認識メカニズムの具体化の一例に「起点‐経路‐着点」スキーマがあって、彼らの主張によると、わたしたちが「二つの直線が『ある一点で交わる』……とか関数のグラフが『ゼロで最小に達する』と考えるときは」このスキーマが数学的思考を支配している[123]。レイコフとヌーニュスにすれば、数学の意味を理解するということは、このような概念的比喩を脱構築することなのだ。

　このバージョンは、19世紀フランスの科学者エティエンヌ゠ジュール・マレーが動体記録写真で捉えたであろう手振りによる3次方程式の表現をイメージしたものである。

未知の実数 x に対して、$x^3 - 6x^2 + 11x - 6 = 2x - 2$ が成り立つとする。左辺が見慣れた積 $(x-1)(x-2)(x-3)$ になることに注意して、左辺から右辺の 3 倍を引くと、もう一つの簡単な因数分解

$$x^3 - 6x^2 + 11x - 6 - 3(2x - 2) = x^3 - 6x^2 + 5x = x(x-1)(x-5)$$

が得られる。多項方程式 $x^3 - 6x^2 + 11x - 6 = t(2x - 2)$ の 1 パラメータ族でいうと、元々の方程式は $t = 1$ にあって、$t = 0$ にある方程式と今因数分解した $t = 3$ に挟まれている。したがって、与えられた方程式の解の順序集合は、その近くの解 $(a_0, b_0, c_0) = (1, 2, 3)$ と $(a_3, b_3, c_3) = (1, 0, 5)$ によって、$(a_1, b_1, c_1) = (1, 1, 4)$ と近似される。これらの近似は実際に方程式の解になっているので、$x = 1$ または $x = 4$ である。

67

近似による
Approximate

近似による

　ここでの議論は、二つの意味で「近似」である。まず、使われている手法自体が近似であって、求める解は、関連する二つの3次方程式の解から内挿されている。また、証明の詳細が省かれているため、この議論はほぼ厳密ではあるが、完全に厳密とはいえない。もちろん、だからといって近似理論が数学のほかの分野と比べて厳密でないというわけではない。数学者たちはこのような証明を、通常「非公式な証明」あるいは「証明のスケッチ」と呼ぶ。この本には、ほかにもいくつかの「証明のスケッチ」が収められている。

　この証明では結論が出ていない問題の一つに、方程式の解が解の順序集合のなかでどのように並んでいるのか、という問いがある。パラメータ $t = 1$ は $t = 3$ より $t = 0$ に近いのだから、$(1, 0, 5)$ より $(1, 2, 3)$ に近いほうが解の近似がよいのでは？　多項式の係数がほんの少し変化しただけでその解が大きく変わる場合があることを考えると、解を内挿することは理にかなっているといえるのだろうか。

　この最後の問いは、「多項式に関しては、係数による根の近似は悪条件問題である」と表現される。係数から重根を近似する際には当然敏感であってほしい（「84　表による」）が、互いに離れた単根のみを持つ多項式の場合も、影響が皆無というわけではない。そのような例（ウィルキンソンの多項式と呼ばれている）を最初に発見したイギリスの数学者ジェームズ・ウィルキンソンは、この事実がかくも衝撃的である理由を次のように説明している。

> 数学の歴史はある意味で、数学者たちが多項式には精通していると感じられるようにしよう、という努力の歴史である……多項式は、かくも心地よい関数なのだ。数学者たちが享受してきた多項式との和気あいあいとした関係は、50年代初頭に電子計算機が広く使われるようになると、深刻なダメージを受けた。わたし自身に関していえば、それによって数値解析学者としてのキャリアのなかでも最大の心の傷を受けたと感じている[124]。

6 cm × 6 cm の 1 枚の厚紙から等しい正方形を四つ切り出して、小さな箱を作りたい。今かりにできあがった箱の体積が 16 cm³ だとすると、切り取られた正方形の一辺の長さが 1 cm であることを示しなさい。

解　切り取る正方形の一辺の長さを s [cm] とする。そのうえで、$s = 1$ であることを示そう。四隅から正方形を切り取ると、それぞれの縁の長さは $6 - 2s$ になる。なぜなら厚紙の一辺は元来 6 cm で、その二つの隅の計二つの正方形を切り取るからだ。ちなみに箱の深さは、縁の切り込みの深さと同じで s になる。

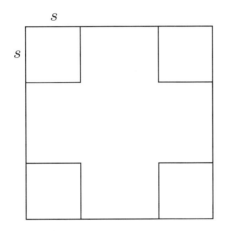

そこで、縁の長さを用いて箱の体積 V を表す式を書いてみる。

$$V = 長さ \times 幅 \times 深さ = (6 - 2s)(6 - 2s)s$$

問題文に体積 V は 16 と明記されているから、わたしたちは、

$$(6 - 2s)(6 - 2s)s = 16$$

という方程式を解けばよい。

この方程式は、次数が 3 の方程式

$$s^3 - 6s^2 + 9s - 4 = 0$$

と同等で、この方程式には異なる二つの根、$s = 1$ と $s = 4$ がある。だがここで、正しい解は $s < 3$ という不等式を満たす必要がある、ということに注意する。さもないと、切り取るべき正方形が厚紙の縁を覆い尽くし、折るべき縁そのものが存在しなくなるからだ。したがって $s = 1$ が、この問題の唯一の正解になる。

68

文章題
Word Problem

文章題

　教科書出版社の関係者であろうとなかろうと、文章題がわざとらしいということは誰もが知っている。そのわざとらしさをどう捉えるか、おそらくそこに、現時点でのみなさんの数学的な好みや教える側としての負荷などが反映されるのだろう。それらの文章題を「数理モデリングの貴重な一形態」と考える人がいるかと思えば[125]、「そのような問題がほんとうに伝えているのは、数学は現実世界とはまったく無関係な馬鹿げた恣意的な学問である、という教訓だ」として、このような問題を忌み嫌う人もいる[126]。もっと冷静な見方については、「5　パズル風の」の後のコメントを参照されたい。

　意外なことに、文章題は、文化を越えた数学の歴史全体に及ぶ長く輝かしい歴史を有している（そこにはカルダーノも含まれる。『偉大なる術』には文章題がたくさん収録されており、そのうちの一つが「43　シナリオ風の」の問題の基になっている）。その歴史のなかからもっと広く問題を取ってくれば、たぶん教科書もここまで無味乾燥ではなくなるのだろう。たとえば、12世紀インドの数学者バースカラ2世の『Līlāvatī〔リーラーヴァティ〕』には、次のような問題が載っている。

Whilst making love a necklace broke.
A row of pearls mislaid.
One sixth fell to the floor.
One fifth upon the bed.
The young woman saved one third of them.
One tenth were caught by her lover.
If six pearls remained upon the string
How many pearls were there altogether?〔David Bellos らによる英訳〕[127]
〔睦み合ううちに、首飾りは壊れ、
一連なりの真珠が外れたり。
6分の1は床に落ち、
5分の1はベッドに落ちたり。
若き娘は3分の1を、
恋人は10分の1を拾うなり。
糸に残れる真珠の6なれば、
元の真珠はいくつなりしや。〕

$x^3 - 6x^2 + 11x - 6 = 2x - 2$ に x_1、x_2、x_3 という実数解があるとして、その平均 $\overline{x}$ と標準偏差 s が、

$$\overline{x} = \frac{x_1 + x_2 + x_3}{3}, \qquad s = \sqrt{\frac{(x_1 - \overline{x})^2 + (x_2 - \overline{x})^2 + (x_3 - \overline{x})^2}{3}} \tag{1}$$

であるとする。任意の標本 x が平均 $\overline{x}$ から標準偏差の何倍離れているかを考えることによって、根の範囲を限定できる。少し考えれば、残り二つの根が一致する場合には、単根がもっとも平均から遠いことがわかる。そこで、$x_2 = x_3$ とし、x_1 がそれより外側にあるとする。(1) の平均と標準偏差の式から $x_2 = 3\overline{x}/2 - x_1/2$ が成り立つ。ここから、

$$s^2 = \frac{(x_1 - \overline{x})^2 + 2\left(\left(\frac{3}{2}\overline{x} - \frac{1}{2}x_1\right) - \overline{x}\right)^2}{3} = \frac{(x_1 - \overline{x})^2}{2}$$

となる。したがって $x_1 = \overline{x} \pm \sqrt{2}s$ であり、いかなる標本 x に対しても、

$$\overline{x} - \sqrt{2}s \leq x \leq \overline{x} + \sqrt{2}s \tag{2}$$

が成り立つ。次に、多項式の 1 次と 2 次の係数を根で表したヴィエタの公式

$$x_1 x_2 + x_2 x_3 + x_1 x_3 = a_1$$

$$x_1 + x_2 + x_3 = -a_2$$

を用いて、平均と標準偏差の値を算出する。元の 3 次式を標準形にすると $x^3 - 6x^2 + 9x - 4 = 0$ となるから、$a_1 = 9$、$a_2 = -6$ である。したがって平均は $\overline{x} = -a_2/3 = 2$ となり、(1) の s の式を展開すると、

$$s = \sqrt{\frac{x_1^2 + x_2^2 + x_3^2 - 2\overline{x}(x_1 + x_2 + x_3) + 3\overline{x}^2}{3}}$$

$$= \sqrt{\frac{(x_1 + x_2 + x_3)^2 - 2(x_1 x_2 + x_2 x_3 + x_1 x_3) - 2\overline{x}(x_1 + x_2 + x_3) + 3\overline{x}^2}{3}}$$

$$= \sqrt{\frac{2a_2^2 - 6a_1}{9}} = \sqrt{2}$$

となる。最後に $\overline{x} = 2$ と $s = \sqrt{2}$ を等式 (2) に代入すると、存在するはずの三つの実根の範囲は、

$$0 \leq x \leq 4$$

となる。

　これまでのバージョンと比べて、この証明の結果はひじょうに弱い。すべての根が実数であることを証明抜きで前提としており（これは、必ずしも定かでない）、しかも最終的に解を評価するに留まっている。そうはいってもこれは、数学の外側の「ごちゃごちゃした」世界について調べるために開発されたツールが、「純粋」数学の理想化された対象物を調べる際にも使えることを示す驚くべき例なのである。

　この証明も「78　確率的な」と同じように、$n = 3$ の多項式でラゲール‐サミュエルソンの不等式〔サミュエルソンの不等式とも〕$|x| \leq \bar{x} + s\sqrt{n-1}$ が成り立つことを示している。この不等式を統計的に解釈したのは経済学者のポール・サミュエルソンで、1968 年に発表した「あなたはどれくらいずれられるか」という論文で、総数が N 個の集まりに属するすべての個体と平均との距離が最大で標準偏差の $\sqrt{N-1}$ 倍になることを示し、題名となっている問いに答えた[128]。ここでの推論は、サミュエルソンが論文の序で示した非公式な証明のパターンに則ったもので、細かくいうと、サミュエルソン自身が本文で証明した全体の鍵となる事実（「少し考えると……」の部分）は証明していない。なぜならサミュエルソンの著述スタイル——統計学の典型的なスタイルよりはるかに生き生きしていて心を打つスタイル——を丸ごと再現するつもりも、その数学全体を再現するつもりもないからだ。

　慈愛深く情け深い神の御名において！　ここでは、立方体と辺の9倍が平方の6倍と4に等しい4項方程式の幾何学的な解を示さねばならない。この方程式の証明は、円錐曲線の性質を参照することによってのみ可能であり、その論証は、ユークリッドの書物とアポロニウスの円錐に関する著作を最初から最後まで知っている人にしかわからない、ということをご理解いただきたい。

　BC は与えられた平方の個数である6に等しく、BD は、辺の個数である9と面積が等しい正方形の一辺の長さに等しく、BC に垂直であるとする。このとき、体積が与えられた数4に等しく、底面が BD の2乗で、高さが BC 上に取った線分 BA と等しい立体を作図する。

　長方形 $ABDZ$ を完成させ、AC を直径とする円 AKC（その位置はわかるはずである）を作図する。点 A を通り BD と DZ を漸近線とする放物線を描く。この円錐曲線 TAH の位置も、わかるはずである。

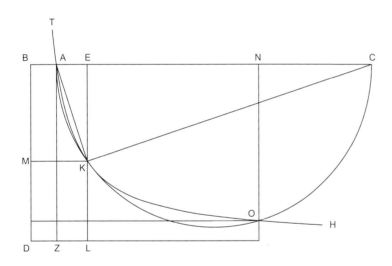

　放物線の接線は2本の漸近線を切るから、TAH の A における接線は、AZ、すなわち A における AKC の接線とは一致しない。ちなみに AKC の A における接線は漸近線 BD と平行である。したがって放物線は A で円の中に入り、必然的に少なくとももう一点で円と交わることになる。そこでその二つ目の交点を K とする。

　この点から BC と BD に垂線 KM と KE を降ろす。このとき、線分 BE が求める立方体の一辺となる。このことを、今から証明する。

　長方形 KD と直角三角形 AKC を完成させる。すると長方形 AD は長方形 KD と等しくなる。これについては、アポロニウスの著作の第2巻命題12に詳しく述べられている。AD と KD から共通する長方形 MZ を引き、両方に長方形 AK を足す。すると

BK が AL と等しくなる。この二つの長方形の辺は互いに比例しており、同様にそれらの2乗も比例している。

ところが三角形 AEK と三角形 EC は相似だから、KE 対 EA は EC 対 KE と等しい。その結果、KE の2乗と EA の2乗の比は EC と EA の比と等しい。先ほど述べた互いの比例関係と、BD が LE と等しいことを考えると、底面が BD の正方形で高さが EA の立体の体積が、底面が BE の正方形で高さが EC の立体と等しいことが従う。

BE の立方体と底面が BD の正方形で高さが BA の立体を足してみる。すると、BE の立方体と底面が BD の正方形（9に等しい）で高さが BE の立方体を足したものは、底面が BE の正方形でその高さが BC（6に等しい）立体と、底面が BD の正方形で高さが BA（4に等しい）の立体を足したものと等しくなる。これが求める結果だった。

同じ証明によって、AKC と TAH の間の交点 O の3番目の点に関して、垂線 ON が切る線分 BN がもう一つの幾何学的解であることがわかる。ということでこの証明を、神への感謝とそのすべての予言への賞賛を持って締めくくる時が来た。

この歴史的なスタイルを「中世イスラムの」と名付けてもよかったのかもしれない。「中世イスラムの」というのは、数学史家レン・バーグレンが 750 年から 1450 年の間にイスラム文化が生み出した数学の業績に対して用いた呼び名である[129]。イスラム文化は代数を生み出し、三角法や数値解析や天文学などの分野においても長足の進歩を生み出した。

ここで紹介した幾何学的作図は、11 世紀から 12 世紀にかけてペルシアで活躍した詩人であり数学者でもあったウマル・ハイヤームのものである[130]。近代的な代数表記によるこの証明についての議論は、次の「71　ブログによる」を参照されたい。ここでは、作図の詳細について二つ注意をしておきたい。アポロニウスへの言及については、ヒースが英訳した『円錐曲線についての論考』第 2 巻命題 12 に次のような記述がある[131]。

> Q、q が放物線の二つの点で、互いに平行な直線 QH と qh が、任意の角度で一本の漸近線に交わっており、やはり互いに平行な QK、qk がもう一本の漸近線に任意の角度で交わっているとき、
>
> $$HQ \cdot QK = hq \cdot qk$$
>
> が成り立つ。

三角形 AEK と三角形 KEC が相似であることは、AKC が直角三角形であるという事実から演繹される。

ハイヤームは『Treatise on Demonstration of Problems of Algebra〔ジャブルとムカーバラの諸問題の証明についての論考〕』で、あらゆる種類の 3 次方程式の幾何学的解法を紹介しているが、本人は数値解の重要性に気づいていて、次のように記している。「もしも問題の対象が絶対的な数であれば、最初の 3 次、すなわち数とそれ自体と平方の場合以外は、わたしたちもほかのどの代数学者たちもいまだに解くことができていないが、おそらく後世の人々は成功するだろう」[132]。

「代数」は古代ギリシャ語で何というのですか

2012 年 5 月 18 日

前回の投稿では、

$$x^3 + 9x = 6x^2 + 4$$

という 3 次方程式の 16 世紀の見事な解法を紹介したうえで、最後に、「あの当時、なぜ誰一人としてこの方程式を二つの代数曲線の交点として解こうとしなかったのか」という疑問を投げかけました。わたしの推理によれば、そのようなアプローチを行うには、デカルト座標とまではいかなくても、より洗練された代数表記法が必要だったはずです。ところがあの時代には、そのような表記法はまったく存在しなかった。最近、ある読者が解を投稿してくれたのですが、それは、わたしにすれば意外なものでした。なぜ、ルネッサンス期には 3 次方程式を曲線の交点とみなした解が存在しなかったのでしょう。そのようなアプローチは、400 年前にすでに習得されていたのに！

あらゆる種類の 3 次方程式の解を対になった円錐曲線を用いて作図した人物、それは、詩人であり数学者でもあったウマル・ハイヤームでした。彼は、（現在のイランにある）ニーシャープールで 1048 年に生まれ、1131 年に亡くなっています。

この方法についてさらに詳しく知りたくて、わたしはデュドネの『History of Algebraic Geometry〔代数幾何学の歴史〕』を引っ張り出しました。博士号の口頭試問に合格したときに、論文助言者がくれた本です。そして、「変だなあ」と思いました。その本のどこを見ても、ハイヤームのことも、その業績のこともまったく出ていなかったからです。ちょっとの間、自分がハイヤームの存在を見逃していたことを、そんなに恥ずかしがらなくてもいいのではないかと思いました。「少なくとも、わたしには良き仲間がいるのだから」。

ところがデュドネの本をさらに丁寧に読んでいくうちに、このお仲間はあまり良くないような気がしてきたのです。「第 1 期：先史時代（紀元前 400 年頃から西暦 1630 頃まで）」という章で、奇妙な記述が見つかったのです。「アポロニウスの定理は、わたしたちの表記ではすぐに縮閉線の式に書き換えられるが、アポロニウスがこの式を書くことができなかったのは、ひとえにギリシャでは代数が発達不全だったからである」。

というわけで、この投稿の表題に戻ることになります。「代数」は、古代ギリシャ語で何というのですか。

ヒントを差し上げましょう……「代数」は存在しなかったのです！　このブログを読んでおられる方のほとんどがまず間違いなくご存知の「代数（algebra）」という言葉は、アラビア語の「アル・ジャブル（al-jabr、アルは定冠詞、ジャブルは復元することの意）」から来ていて、この言葉は、9 世紀の数学者アル＝フワーリズミーがこの分野についてまとめた世界初の著作の表題の一部なのです。

デュドネが、代数幾何学の現代的概念に気を取られていたことは許されるにしても、その著作が、代数を含めた数学はすべて西洋世界の産物である、という神話に加担してよいということにはなりません。アラブ人の数学への貢献をいっさい引用することなく、アポロニウスからデカルトに飛ぶことによって、デュドネの著作は暗黙のうちに、「……アラブの科学は、ギリシャの科学から受け取った教えをただ再生産しただけである」というオリエンタリズムの立場を肯定しているのです。

いいですか、みなさん。代数が algebra（アルジェブラ）と呼ばれるのには、ちゃんとした理由があるのです！

えへん。さてと、空騒ぎはこれくらいにしておいて、この 3 次方程式をハイヤームがどのようにして解いたのかを、彼の代数の著書に沿って紹介していくことにしましょう。鍵になるのは、放物線 TAH と円 AKC を下の図のように交わらせるというアイデアです。このとき、解である 1、4 は線分 BE と BN の長さに対応します。

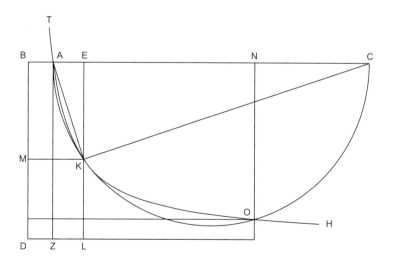

まず、全体の状況ですが、3 次方程式の係数は、2 次の項の $6 = BC$、1 次の項の $9 = (BD)^2$、定数の $4 = (BD)^2 \cdot BA$ という形で埋め込まれています。そのうえで二つの円錐曲線をいずれも A を通るように作図して、円の直径を AC、放物線の漸近線を BD、DZ とします。このときもう一つの交点 K と O から AC に向かって垂線を降ろすと、解が得られるのです。そりゃまたどうして？とお尋ねになりたいのですか？　でしたら、

$$(BE)^3 + 9BE = 6(BE)^2 + 4$$

を示してみましょう。それには当然、これらの円錐曲線の性質を使う必要があります。放物線では $KE \cdot BE = LE \cdot EA$ という関係が成り立ち、そこから $(KE)^2/(EA)^2 = (LE)^2/(BE)^2$ が成り立ちます。さらに円では $KE/EA = EC/KE$ が成り立ち、そこから $(KE)^2/(EA)^2 = EC/EA$ となります。$LE = BD$ ですから、この二つを組み合わせると、

$$(BD)^2 \cdot EA = (BE)^2 \cdot EC$$

となります。今、両辺に $(BE)^3 + (BD)^2 \cdot BA$ を足して因数分解すると、

$$(BE)^3 + (BD)^2 \cdot BA + (BD)^2 \cdot EA = (BE)^3 + (BD)^2 \cdot BA + (BE)^2 \cdot EC$$

$$(BE)^3 + (BD)^2 \cdot (BA + EA) = (BE + EC) \cdot (BE)^2 + (BD)^2 \cdot BA$$

$$(BE)^3 + (BD)^2 \cdot BE = BC \cdot (BE)^2 + (BD)^2 \cdot BA$$

となります。ところが係数を復元してみると、これはまさに BE に関する問題の 3 次方程式になります。同じ推論によって、BN が根であることも示せます。

こんなに美しい業績を無視することなど、とうていできそうにありません。

でも、じつは無視できる。なぜなら、自分たちが騒々しい世俗の争い事を超越した存在だと思いたがる数学者がいるからといって、わたしたちの数学の歴史が「勝利者によって書かれ」ていないとは断言できないからです。

ブログによる

　ブログ（あるいはウェブログ）は、執筆や採点や睡眠を先延ばしにするすばらしい方法だ。問題を先送りするほかの方法とは違って、ブログを読むのに使った時間のおかげで、——特にブロガーがその道の専門家だったりすると——自分が賢くなったような気までしてくる。

　これは真剣にいっておきたいのだが、ブログは数学の文献の新たなジャンルを代表するものになりうる。これまでずっと、オフラインで非公式な解説的文献を見ようとすると、数学に関するごくわずかな月刊誌や季刊誌に頼るしかなかったが、これらの発表媒体は、ブログほど自分の意見を固守することもなく、今風でも自発的でもないという印象が強い。それに、これはメディアのどの分野でもいえることだが、印刷物からは、ブログの活発なコメント欄を通じて得られるような、自分も関与しているという感覚が得られない。ブログは、数学研究の新たなアプローチとして支持されるべきものなのだ。——この点については「25　開かれた協働」を参照されたい。

　さらにブログは、数学の共同体が切に望んできた内省や批判の方法にもなりうる。そのよい証拠が、アメリカ数学協会の inclusion/exclusion というブログや、イサベラ・レイバの The Accidental Mathematician やドロン・ザイルバーガーの Dr. Z's Opinions などである。ブログを読む人々はそこに内省や批判を期待するものだが、数学の共同体では、徒弟制による専門教育や能力主義社会への深い信頼があるので、従来、批判が表に出てくるまでに時間がかかった。

　このブログ投稿と同じ幾何学的作図を中世イスラムのスタイルで述べたのが、「70　もう一つの中世の」である。デュドネの怠慢[133] について知ることができたのは、科学史家ロシュディ・ラシッドの「The Notion of Western Science: 'Science as a Western Phenomenon'〔西洋科学の概念：西洋の現象としての科学〕」という論文のおかげである[134]。「……アラブの科学は」で始まる引用は、19世紀フランスの物理学者で科学史家のピエール・デュエムによるもので、これもラシッドの論文に引用されている[135]。

Théorème. *Les racines réelles de $P(x) = (x^3 - 6x^2 + 11x - 6) - (2x - 2)$ sont 1 et 4.*

Démonstration. On vérifie immédiatement que $P(1) = P(4) = 0$. Comme le polynôme $P \in \mathbb{R}[x] \subset \mathbb{C}[x]$ est de degré 3, d'après le théorème de d'Alembert on sait qu'il admet au maximum 3 racines réelles. Nous raisonnons par l'absurde en supposant que $a \in \mathbb{R}$ soit une troisième racine distincte. Alors,

$$P(x) = (x-1)(x-4)(x-a) = x^3 - (5+a)x^2 + (4+5a)x - 4a.$$

On déduit de la seconde égalité que $a = 1$, ce qui nous donne une contradiction. Donc, les racines de P sont 1 et 4. CQFD

　数学は「普遍的な言語」ということになっているが、数学者は自分が発見したことを自然言語で報告する。そしてその言語は、圧倒的に英語が多い。出版に携わる人々はおせっかいにも、英語で書いたほうがより広く多くの人々に読んでもらえるというが、それでも英語が選ばれないことがありうる。引用件数のランキングでトップに入る一握りの国際雑誌だけが、英語以外の言語で書かれた論文も受け付けることを明記しており、通常は英語に代わるものとしてフランス語やドイツ語が挙げられている。そうはいっても、たぶん唯一の例外（フランスの高等科学研究所が刊行する Publications mathématiques de l'IHÉS）を除けば、これらの雑誌に英語以外の論文が載ることはまれである。かといって皆無でもなく、どの大学の数学科の院生も、英語以外で書かれた論文が参照されているのに出くわすだろうし、アメリカの多くの大学の博士課程で、英語以外の言葉で書かれた文献を読む必要が出てくる（わたしが院生だった頃に、従来はフランス語とドイツ語とロシア語のなかから二つの言語の読解力が求められていたのが一つになったことを思うと、この点は変わってきているのかもしれない）。

　このバージョンと次の「73　英語以外の別の言語による」は、かなり素朴な制約に従って作られた。まず証明の方法は、その言語が優勢な文化に属する数学者に帰せられる定理に依拠していなければならない。そして第二に、翻訳する際には、フランス人が「外語由来の言葉（barbarismes）」と呼ぶものを使わないようにしなければならない。この二つ目の規則については、数学者（でありウリポのメンバーでもある）ミシェル・オーディンの手になる数学書を執筆する人々のためのすばらしい様式のガイド、「数学文書を書く人へ助言」に従った[136]。数学書の出版で英語が支配的であり続けるのであれば、数学者たちにとっては、文章により多くの外国語を組み込むことが責務となる。少なくとも、あの野暮ったいラテン語主義を更新しようではないか。reductio ad absurdum〔ラテン語で背理法〕よりもraisonnement par l'absurde〔フランス語で背理法〕のほうが、ずっと響きがよいと思いませんか？

　以下に、フランス語からの直訳を紹介しておく。

定理　$P(x) = (x^3 - 6x^2 + 11x - 6) - (2x - 2)$ の実根は、1 と 4 である。

証明　$P(1) = P(4) = 0$ であることは、すぐにチェックできる。多項式 $P \in \mathbb{R}[x] \subset \mathbb{C}[x]$ は次数が 3 なので、ダランベールの定理から、最大でも三つの実根があることがわかる。そこで背理法に従って、$a \in \mathbb{R}$ を三つ目の根とすると、

$$P(x) = (x-1)(x-4)(x-a) = x^3 - (5+a)x^2 + (4+5a)x - 4a$$

が成り立つ。二つ目の等号から $a = 1$ であるはずだが、これは矛盾である。よって、P の根は 1 と 4 である。　　　　　　　　　　　　CQFD〔ce qu'il faut demantrer（= 示すべきこと）〕

Satz. Sei x ein ganze Zahl. Wenn $x^3 - 6x^2 + 11x - 6 = 2x - 2$ ist, dann ist $x = 1$ oder $x = 4$.

Beweis. Sei p das Polynom dritten Grades gegeben durch $p(x) = (x^3 - 6x^2 + 11x - 6) - (2x - 2) \in \mathbb{Z}[x]$. Wir wenden die Kroneckersche Methode an, um ein Polynom aus $\mathfrak{S}[x]$ in Primfaktoren zu zerlegen, wo $\mathfrak{S}$ ein Gauß'scher Ring ist. Soll nun $p(x)$ durch die Linearform $q(x) = x - a$ teilbar sein, so muss $p(x_0)$ durch $q(x_0)$ und $p(x_1)$ durch $q(x_1)$ teilbar sein. Jedes $p(x_1)$ in $\mathbb{Z}$ besitzt aber nur endlich viele Teiler. Setzen wir $x_0 = 2$, so ist $q(x_0) = 2 - a$ ein Faktor von $p(2) = -2$. Da ± 1 und ± 2 die einzigen Faktoren von -2 sind, folgt, dass a ein Element der Menge $\mathfrak{M}_0 = \{0, 1, 3, 4\}$ sein muss. Wenn allerdings $x_1 = 3$ ist, dann ist $3 - a$ einer der Faktoren ± 1, ± 2 oder ± 4 von $p(3) = -4$, m.a.W., a liegt in $\mathfrak{M}_1 = \{-1, 1, 2, 4, 5, 7\}$. Da eine Wurzel a von $p(x)$ beide Bedingungen erfüllen muss, schließen wir, dass $a \in \mathfrak{M}_0 \cap \mathfrak{M}_1 = \{1, 4\}$ wie behauptet.

ドイツ語からの直訳は次の通り。

定理　x を整数とする。もしも $x^3 - 6x^2 + 11x - 6 = 2x - 2$ が成り立てば、$x = 1$ か $x = 4$ である。

証明　$(x^3 - 6x^2 + 11x - 6) - (2x - 2) \in \mathbb{Z}[x]$ という 3 次多項式を $p(x)$ とする。クロネッカーの手法を用いて、$S[x]$ における多項式を素因数に分解する。ただし、S は一意分解整域である。もしも $p(x)$ が 1 次多項式 $q(x) = x - a$ で割り切れるなら、$p(x_0)$ も $q(x_0)$ で割り切れ、$p(x_1)$ も $q(x_1)$ で割り切れる。しかし、$\mathbb{Z}$ におけるすべての $p(x_i)$ は有限個の因子を持っている。もしも $x_0 = 2$ であれば、$q(x_0) = 2 - a$ は $p(2) = -2$ の因子である。-2 の因子は ± 1, ± 2 に限られるから、a は集合 $M_0 = \{0, 1, 3, 4\}$ の要素である。ところが、もしも $x_1 = 3$ なら、$3 - a$ は $p(3) = -4$ の因子である ± 1, ± 2, ± 4 のいずれかになる。言い換えれば、a は $M_1 = \{-1, 1, 2, 4, 5, 7\}$ に含まれる。$P(x)$ の根 a は両方の条件を満たしているはずだから、主張されているように $a \in M_0 \cap M_1 = \{1, 4\}$ と結論される。

　この証明は、すでに「61　現代風の」で引用したファン・デル・ヴェルデンの『現代代数学』の「§25 有限回の手続きで因数に分解する方法」に密接に依拠している[137]。
　言語学者たちは、科学界全体において次第に「科学の国際語としての英語」の領域が増してきていることに気づいている。出版や引用上の実践によってこの流れが促進されている可能性は高く、クリスティーン・ターディーは「科学共同体における英語の役割：共通言語（リンガ・フランカ）なのか、ティラノザウルスなのか」と題する論文で、言語学者、科学者の視点から、科学文化のこの側面に関する調査を行っている。アリゾナ大学英語学科の教授であるターディーは、ある報告を引用して次のように述べている。「一流のブラジルの科学雑誌プロジェクトのコーディネーターにいわせると……『ポルトガル語で出版することは、ある種の田舎根性』なのだ」[138]。数学の国際言語としての英語がこの学問およびその知識に多大な正と負の影響を及ぼしていることは、想像に難くない。
　「72　英語以外の言語による」のコメントでこれらのスタイルに課せられた制約が「素朴だ」と述べたのは、国としてのスタイルの問題をわざと無視したからだ。数学の発展における文化と政治の影響を明確にするうえでも、国としてのスタイルの問題には十分取り組む価値がある（極端に人種差別的な例として、ナチスの数学プロパガンダ雑誌 Deutsche Mathematik〔ドイツの数学〕[1936–1942] がある。この雑誌の創始者の一人であるルートヴィッヒ・ビーベルバッハは、「わたしとしては、数学の活動にはスタイルの問題があって、そのため血や人種が数学的創造の手法に影響するということを示そうとした」と述べている）[139]。

もしも　　　x　　　3乗、　　　マイナス　　　6

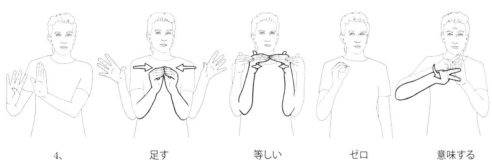

x　　　2乗、　　　9　　　x、　　　マイナス

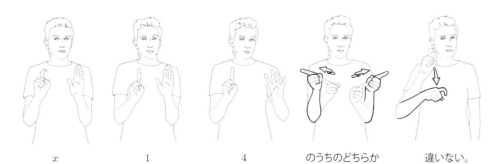

4、　　　足す　　　等しい　　　ゼロ　　　意味する

x　　　1　　　4　　　のうちのどちらか　　　違いない。

英語以外の
さらに別の
言語による

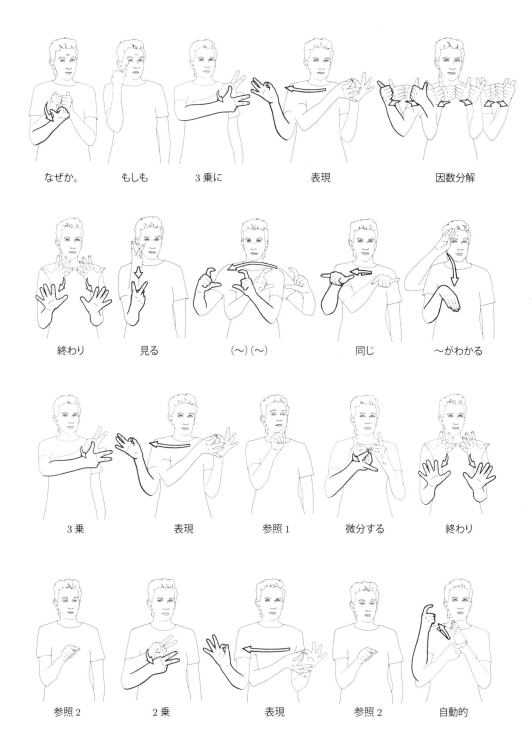

なぜか。　　もしも　　3乗に　　　　表現　　　　　因数分解

終わり　　　見る　　　（〜）（〜）　　同じ　　　〜がわかる

3乗　　　　　表現　　　参照1　　微分する　　終わり

参照2　　　2乗　　　　表現　　　参照2　　自動的

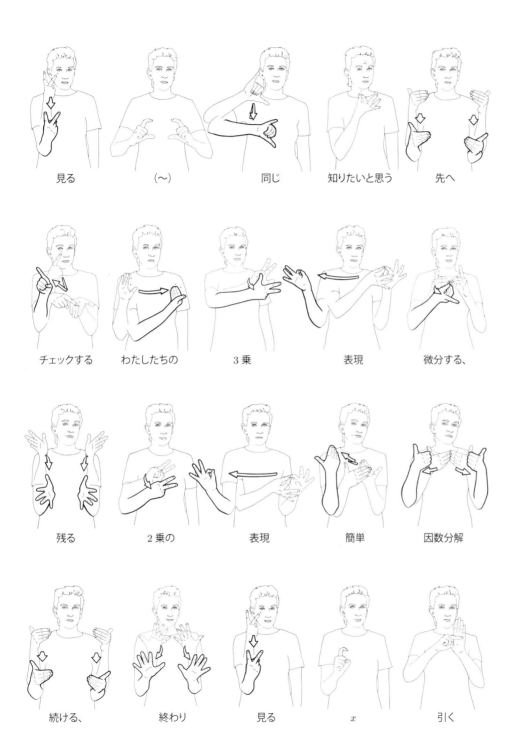

見る　　　　（〜）　　　　同じ　　　知りたいと思う　　　先へ

チェックする　　わたしたちの　　　3乗　　　　　表現　　　　微分する、

残る　　　　2乗の　　　　表現　　　　簡単　　　因数分解

続ける、　　　終わり　　　　見る　　　　x　　　　引く

英語以外の
さらに別の
言語による

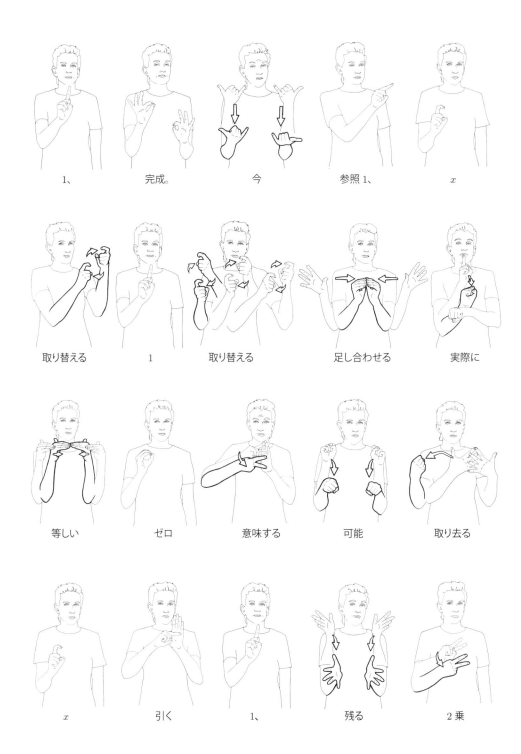

1、	完成。	今	参照1、	x
取り替える	1	取り替える	足し合わせる	実際に
等しい	ゼロ	意味する	可能	取り去る
x	引く	1、	残る	2乗

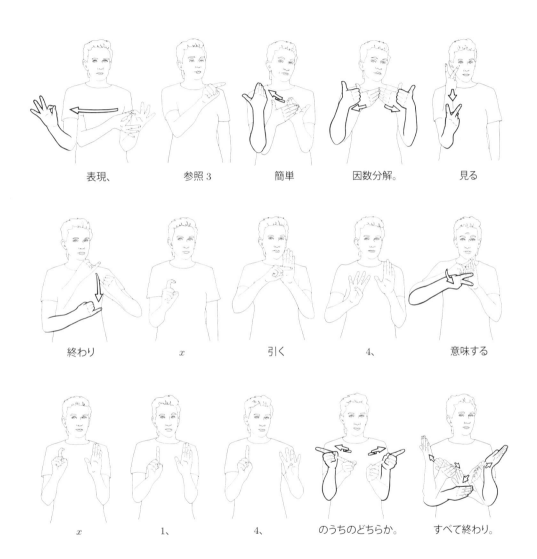

表現、	参照 3	簡単	因数分解。	見る
終わり	x	引く	4、	意味する
x	1、	4、	のうちのどちらか。	すべて終わり。

**英語以外の
さらに別の
言語による**

　アメリカ手話における数学関連の標準化された手振りは、びっくりするほど数が少ない。2005年に行われた国立聾工科大学の教授や教員や通訳や学生を対象とする調査では、数学に関する25の基本的手振りのなかで合意が見られたのは、たったの八つだった（たとえば、「足す」を表す手振りについては合意があったが「指数」については合意がなかった）[140]。数学の博士号を持つ計算機科学者で、聾コミュニティーのための技術的ツールの問題に取り組んでいるリチャード・ラドナーは、この結果を次のように説明している。「アメリカ手話（American Sign Language、ASL）はほかの言語と比べてきわめて若い。1800年代初頭に生まれ、1960年の［ウィリアム・］ストーキーによる先駆的業績によって近年ようやく言語として認められるようになった……高等科学には聾の学生が少なく、全国に分散しているため、科学や技術やエンジニアリングや数学（STEM）の分野では、ASLの発展が強く抑制されてきた」[141]。標準的な手振りが存在しないので、教える側は単語を指で綴るか、既存の手振りを使うか（たとえば、「働き」を表す手振りで「関数」を表すことにする）、そうでなければその場で新しい手振りを作る必要がある[142]。そしてそれらすべての方法に、短所がある。「わたしにいわせれば」とギャローデット大学の科学技術数学部門で数学プログラムを統括しているジェームズ・ニッカーソン教授は述べている。「数学関連の手振りでありながら、関連する数学の概念を顧みることなく、標準的な手話辞典から直接取られているものが多すぎる」[143]。

　このバージョンは、ここに示された一対の手を含むたくさんの手から生み出された。英語の証明をASLに翻訳したのはコネチカット大学の数学専攻の博士課程に在籍するクリストファー・ヘイズで、エリン・オールソン・ディクソンをモデルにして、カリフォルニア大学サンディエゴ校の言語学専攻のペギー・スワーツェル・ロットがダニエル・W・レナーやロブ・ヒルズとともにその手話から図を起こした。この証明には、空間構成や参照の使い方など、手話に固有のいくつかの特徴が見られる。

問題 $x^3 - 6x^2 + 11x - 6 = 2x - 2$ を解きなさい。

この 3 次方程式を標準形に直すと、$x^3 - 6x^2 + 9x - 4 = 0$ となる。

x に $y + 2$ を代入すると、$y^3 - 3y - 2 = 0$ という退化した簡約 3 次方程式が得られる。

計算尺を、(C の印の下の)A 尺の目盛りと D 尺の目盛り 2 の上の C 尺の目盛りの差が 3 になるところまで滑らせる。このときの C 尺の下の D 尺の目盛りが、第一の根の $y_1 = 2$ となり、D 尺の 2 の上の C 尺の目盛りを読むと、それが残りの根の積 $y_2 y_3 = 1$ になっている。

y_2 と y_3 を求めるには、C 尺の基線の下の D 尺の目盛りと D 尺の 1 の目盛りの上の C 尺の目盛りの和が $|-y_3|$ つまり 2 になるところまで計算尺を滑らせる。このとき C 尺の基線の下の D 尺の目盛りが $-y_2 = 1$ で、D 尺の 1 の上の C 尺の目盛りが $-y_3 = 1$ になっている。

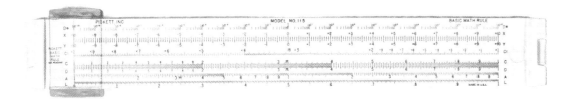

こうして、簡約 3 次方程式の根、$y_1 = 2$、$y_2 = -1$、$y_3 = -1$ が得られた。これらの根のそれぞれに 2 を足せば、元の方程式の根が得られる。

解 $x_1 = 4$、$x_2 = 1$、$x_3 = 1$

計算尺を使った

　計算尺の機能の土台となっている原理は、このバージョンから受ける印象よりずっとシンプルだ。固定された定規〔尺〕に動かせる定規〔尺〕が取り付けられていて、それらの尺を端から端まで動かすことによって長さを足す。このときそれらの尺に対数目盛が打ってあれば、掛け算や割り算ができる。なぜなら二つの数の対数の和は、それらの数の積の対数になるからだ。動かせるほうの C 尺と固定された D 尺には、左端の 1 と記された基線から始まって、10 のべきの対数目盛が打ってある。C 尺の基線を D 尺の d に合わせると、C 尺の c の下の D 尺に積の cd が示されるのだ。

　3 次方程式の根の積 $y_1 y_2 y_3$ は元の式の定数と等しい。この事実は 3 次式に関するヴィエタの三つの公式のうちの一つとして示されていて、ほかの二つの公式は、「69　統計的な」に登場している。計算尺を用いたこの解き方では、C 尺の基線の下の D 尺を読めば $\pm y_1$ が見つかり、D 尺の $|{-2}|$ の下の C 尺を読めば $\pm y_2 y_3$ がわかる。

　そうはいっても、最初に尺の位置を定める必要があるが、そこでは y_1 と $y_2 y_3$ の対に関する二つ目の条件をうまく使う。定数から根の積を引くと $y^3 - 3y - y_1 y_2 y_3 = 0$ になるが、これはつまり、$y^3 - y_1 y_2 y_3 = 3y$ ということである。根はゼロでないから、この方程式を $y = y_1$ で割ることができて $y_1^2 - y_2 y_3 = 3$ が得られる。これが、二つ目の条件になるのである。

　今、A 尺は 20 対数目盛で、D 尺の印の平方を示している。だから A 尺の印を C 尺の基線と合わせて、D 尺の $|{-2}|$ 目盛りの上の C 尺の印が 3 になるところまで滑らせれば、この二つ目の条件が満たされる。その上で C 尺の基線の下の D 尺の目盛りを読むと、それが $\pm y_1$ になる。簡約 3 次方程式の係数の符号を見ると、この目盛りがじつは $+y_1$ と等しいことがわかる。

　同様にして、残る y_2 と y_3 も求めることができる。ただし一つ目の条件は、今見つけたばかりの目盛りが $\pm y_2 y_3$ と等しくなる、という条件で、二つ目は、$y_1 + y_2$ が $-y_1$ と等しくなければならないという条件になる。なぜなら、簡約 3 次方程式の根の和はゼロになるからだ[144]。

　写真の計算尺は、Pickett Model 115 Basic Math という計算尺で、イーベイの librariesrcool という出店者から手に入れた。アポロ 13 号に搭乗した NASA の乗組員は、これより小さい金属製の Pickett Model N600-ES を持っていた[145]。このバージョンを教えてくれたロバート・ドーソンに感謝する。

$x^3 - 6x^2 + 11x - 6 = 2x - 2$ を解くために、ニュートン法を用いて、

$$p(x) = x^3 - 6x^2 + 9x - 4$$

の根を求める。つまり、r_0 という最初の根の評価から出発して、

$$r_{i+1} = r_i - \frac{p(r_i)}{p'(r_i)}$$

という 1 次近似により、それに続く r_{i+1} という評価を求めていくのだ。下に示したのは、このような根の探索枠組みを数式処理システムを用いて実行した結果である。ただし始点は、$r_0 = 0$ と $r_0 = 10$ とした。得られたデータから、根のうちの少なくとも二つは、1 と 4 に完全に一致はしなくても、きわめて近いことがわかる。

i	r_i	$p(r_i)$	r_i	$p(r_i)$
0	0	-4	10	486
1	0.44444444	-1.09739369	7.42857143	141.69096210
2	0.70209340	-0.29268375	5.76958525	40.25619493
3	0.84460980	-0.07619041	4.75376676	10.62115027
4	0.92043779	-0.01949408	4.21597868	2.23376352
5	0.95971156	-0.00493487	4.02557435	0.23411012
6	0.97972319	-0.00124178	4.00042516	0.00382751
7	0.98982768	-0.00031148	4.00000012	0.00000109
8	0.99490526	-0.00007800	4.00000000	$\sim 10^{-13}$
9	0.99745047	-0.00001952	4.00000000	$\sim 10^{-27}$
10	0.99872470	-0.00000488	4.00000000	$\sim 10^{-56}$
11	0.99936221	-0.00000122	4.00000000	$\sim 10^{-113}$
12	0.99968107	-0.00000031	4.00000000	$\sim 10^{-226}$
13	0.99984053	-0.00000008	4.00000000	$\sim 10^{-453}$
14	0.99992026	-0.00000002	4.00000000	$\sim 10^{-907}$
15	0.99996013	$\sim 10^{-9}$	4.00000000	$\sim 10^{-1815}$

次に、$-10^9 \leq r_0 \leq 10^9$ の範囲からランダム・サンプリングでさらに 1000 個の始点 r_0 を選んでニュートン法を適用したところ、いずれの場合も、上の表に現れた二つの動きのパターンのいずれかが見られた。

実験的な

「数学は演繹科学ではない —— というのは陳腐な決まり文句である」とポール・ハルモスは強く主張している。「定理を証明するにあたって、単に仮定を列挙して、そこからすぐに推論を始める者などいない。実際には、誰もが試行錯誤をして、実験をして、当て推量をする。こちらとしては事実が何なのかを知りたいのであって、ある意味では、検査技師が行っていることとよく似たことをしているのだ」[146]。

ニュートン自身が、後に自分の名前を冠することになる手法 —— すなわちニュートン法 —— を最初に使った時点では、まだ微分を用いた明確な定式化はされておらず、正割を用いた式を使っていた（ここで紹介したのは、ジョセフ・ラフソンの形である）。その意味でこれは、「34 中世の」に登場した複仮定法の一般化と見ることができる[147]。ニュートンは $y^3 - 2y - 5 = 0$ という3次方程式を解こうとして、たまたまこの近似法を考え出した[148]。

数学における実験はコンピュータがなくても可能で、多くの数学者がニュートンと同じ方法、つまり紙と鉛筆を使って当て推量をする。そうはいってもコンピュータは、——特にある種の領域に—— どんなに強調してもし足りないほどの影響を及ぼした。そのよい例が、次に紹介する「77 モンテカルロ法による」証明である。

$x^3 - 6x^2 + 11x - 6 = 2x - 2$ の根が $x = 1$ と $x = 4$ であることを立証するために、微分積分学の基本定理を使ってそれらの根を表し、得られた積分方程式を近似する。両辺から $2x - 6$ を引くと、$x^3 - 6x^2 + 9x = 4$ となる。そこで $f(x) = x^3 - 6x^2 + 9x$ と定義すると、根 $x = a$ は $f(a) = 4$ となる実数である。「微分積分学の基本定理その1」によって、

$$f(a) = \int_0^a f'(x)\,dx$$

が成り立つ。ただし右辺は、$f'(x) = 3x^2 - 12x + 9$ という微分の積分である。$f'(x)$ のグラフを含む $0 \le x \le 4$ の長方形全体にランダムに散らばる n 個の点を考えて、この長方形の面積と問題の領域のなかにある点の割合を掛ければ、$f(a)$ という積分を近似することができる。積分は符号付きの面積を表しているので、微分 f' のグラフと x 軸に挟まれている点のうち、x 軸より下の点は x 軸より上の点から差し引かれる。

下の図は、$[0,4] \times [-3,9]$ という長方形に $n = 1000, 4000, 16000$ 個の点がランダムに散らばっている場合の $f(1)$ と $f(4)$ の評価である。中心極限定理により、連続する評価の誤差は、それぞれがその前の評価値の誤差の半分になる。これらの領域の評価は、4 を中心とする 0.4% 以内の範囲に収束する。放物線 $y = 3x^2 - 12x + 9$ を直接調べると、根は 1 と 4 だけであることが強く示唆される。特に、$a > 4$ では $f(a) > 4$、$a < 0$ では $f(a) < 0$ である。

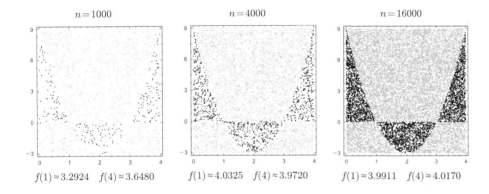

$n = 1000$ $n = 4000$ $n = 16000$

$f(1) \approx 3.2924$ $f(4) \approx 3.6480$ $f(1) \approx 4.0325$ $f(4) \approx 3.9720$ $f(1) \approx 3.9911$ $f(4) \approx 4.0170$

モンテカルロ法
による

モンテカルロ法は統計シミュレーションで広く採用されているアプローチで、手に余る計算を避けるために、膨大なランダム・サンプルの集合の計算を実行する。確率論的な主張によると、そのような計算の結果によって求める解をうまく近似できる。この手法の典型的な応用として、高次元の体積の計算や非線形微分方程式の積分がある。ポーランド出身のアメリカ人数学者で核物理学者でもあるスタニスワフ・ウラムは、一人トランプのソリティアをしているときにこの着想を得たという[149]。一方この方法に世界的に有名なカジノにちなむ名前を付けたのは、ウラムの共著者ニック・メトロポリスだとされている。ちなみに、フィルム・ノワールにでも登場しそうな名前を持つこの人物は、ロスアラモスの国立研究所の創設メンバーでもあった。二人は 1949 年に発表した「モンテカルロ法」という論文で、次のように述べている。

> この手順の本質的な特徴は、多重積分や確率行列の掛け算を行うことを避けて、その代わりに一本の出来事の連鎖のサンプリングをする、という点にある。そのような連鎖の候補すべての集合のサンプルが手に入れば、それに基づいて、与えられた時間における系統的な性質やさまざまな分布を統計的に調べることができる……ここでは、現代の計算機が、われわれが述べた手順を実行するのにまさにうってつけであることを指摘しておきたい[150]。

この最後の点が決定的で、モンテカルロ法は、計算機技術が推論の数学的スタイルに及ぼした影響のもっとも古い例なのだ。このほかの例については、「48　コンピュータを用いた」、「97　サイケデリックな」を参照されたい。

$x^3 - 6x^2 + 11x - 6 = 2x - 2$ が三つの実根 x_1、x_2、x_3 を持っており、その平均が $\overline{x}$、標準偏差が s とする。それらの根のなかで最大のもの、$x_{\max}$ を選ぶ確率は少なくとも $1/3$ で、もしも $x_{\max}$ が重根なら、その確率は $1/3$ を超える。同様に、実数 $(x_i - \overline{x})/s$ が $\{(x_i - \overline{x})/s: i = 1, 2, 3\}$ という実数の集合の最大値である確率も、少なくとも $1/3$ はある。もしも X が離散一様確率変数 $X = (x_i - \overline{x})/s$ であれば、この確率を、

$$\frac{1}{3} \leq Prob\left(X = \frac{x_{\max} - \overline{x}}{s}\right) \tag{1}$$

という不等式で表すことができる。X の期待値 $E(X)$ が 0 で、その分散 $s^2(X)$ が 1 であることに注意する。これらを踏まえ、カンテリの不等式から、任意の実数 $l > 0$ について、

$$Prob(X \geq l) \leq \frac{1}{1 + l^2}$$

が成り立つ。かりに $l = (x_{\max} - \overline{x})/s$ と置くと、上の不等式から

$$Prob\left(X \geq \frac{x_{\max} - \overline{x}}{s}\right) \leq \frac{1}{1 + \left(\frac{x_{\max} - \overline{x}}{s}\right)^2} \tag{2}$$

が得られる。定義から、どの根 x_i も $x_{\max}$ より大きくないので、不等式 (1)、(2) を組み合わせると、

$$\frac{1}{3} \leq Prob\left(X = \frac{x_{\max} - \overline{x}}{s}\right) \leq Prob\left(X \geq \frac{x_{\max} - \overline{x}}{s}\right) \leq \frac{1}{1 + \left(\frac{x_{\max} - \overline{x}}{s}\right)^2}$$

となる。最初の項と最後の項の大小関係から、$((x_{\max} - \overline{x})/s)^2 \leq 2$ が成り立つ。$x_{\max} - \overline{x} \geq 0$ だから、$x_{\max} \leq \overline{x} + s\sqrt{2}$ であるはずだ。同様の議論により、$\overline{x} - s\sqrt{2} \leq x_{\min}$ という下界が得られる。これらの不等式を組み合わせると、

$$\overline{x} - s\sqrt{2} \leq x \leq \overline{x} + s\sqrt{2} \tag{3}$$

となる。ここでヴィエタの公式を使うと、平均と標準偏差を 1 次と 2 次の項の係数 a_1、a_2 を用いて表すことができて、$\overline{x} = -a_2/3 = 2$、$s = \sqrt{(2a_2^2 - 6a_1)/9} = \sqrt{2}$ となる。$\overline{x}$ と s の値を (3) の不等式に代入すると、存在するはずの三つの実根が、次のように上と下から抑えられることがわかる。

$$0 \leq x \leq 4$$

　このバージョンは、本質的に、すべての根が実数であるような 3 次方程式（つまり $n = 3$）に関するラゲール‐サミュエルソンの不等式

$$|x| \leq \overline{x} \pm s\sqrt{n - 1}$$

を証明していて、その意味では、「69　統計的な」とひじょうによく似ている。バージョン 69 では、このバージョンの最後のパラグラフのヴィエタの公式から平均と標準偏差を導く様子が細かく説明されていた。ここでの確率論的な議論は、ウィリアム・P・スミスによるものである[151]。

　カンテリの不等式とは、

$$Prob(X - \overline{x} \geq l) \begin{cases} \leq \dfrac{s^2}{s^2 + l^2} & (l > 0) \\[2ex] \geq 1 - \dfrac{s^2}{s^2 + l^2} & (l < 0) \end{cases}$$

のことである。ウィリアム・P・スミスに関する情報はまったく得ることができなかったが、フランチェスコ・パオロ・カンテリに関しては、20 世紀イタリアの数学者兼保険数理士で、はじめはパレルモの天文台で天文学を学んでいたということがわかった。実際にカンテリは、ダンテの『神曲』にも登場した、600 年ほど前のイタリアの夜空における天体の配置が、正確には何年に起きたのかを突き止めている[152]。

定理 自然数 n について、$n^3 - 6n^2 + 11n - 6 = 2n - 2$ が成り立てば、$n = 1$ か $n = 4$ である。

証明 構成的な手法で、それぞれの自然数 $n = k$ に対して、$k^3 - 6k^2 + 11k - 6 = 2k - 2$ であれば、$k = 1$ であるか、$k = 4$ であることを証明する。

構成者が実際に $k = 1, 2, 3, 4, 5$ での $k^3 - 6k^2 + 11k - 6k$ および $2k - 2$ の値を暗算してみれば、$k = 1$ と $k = 4$ のときに同じ結果が得られ、$k = 2, 3, 5$ では異なる結果が得られることがわかる。

任意の k に対して、

$$k^3 - 6k^2 + 11k - 6 = 2k - 2 + (k^3 - 6k^2 + 9k - 4)$$
$$= 2k - 2 + [k^2(k - 6) + 8k + (k - 4)]$$

が成り立つ。$k \geq 6$ のとき、角括弧のなかの各項は――ということはその和も――厳密にゼロより大きくなる。したがって $k^3 - 6k^2 + 11k - 6$ という量は、厳密に $2k - 2$ より大きい。かくして $k^3 - 6k^2 + 11k - 6 = 2k - 2$ という仮説を構成的に論破する方法が手に入った。よって $k \geq 6$ の各値では、問題の含意はまったく正しくない。

直観主義的な

　直観主義と呼ばれる数理哲学は、プラトン主義に変わるものとして登場した。数学の対象がある種の現実として存在する、というこの信念が生まれたのは、数学の基礎が危機に瀕した 20 世紀初頭のことだった。その創始者であるオランダの数学者 L. E. J. ブラウワーは、数学とは、創造する主体の精神が時間に依存しつつ構築するものだと考えた[153]。そのため、たとえばその学生であったアレン・ハイティングは「数学の定理は純粋に経験的な事実、すなわちある構築が成功したことを表している。『$2+2=3+1$』は、『わたしは $2+2$ と $3+1$ が指し示す精神的な構築を達成し、それらが同じ結果になることを発見した』という言明の省略と捉えるべきだ」としている[154]。この証明が自然数に限定されているのは、直観主義に関するわたしの知識が限られているからで、じつは適切な範囲とはいえない。この 3 次方程式を連続体上で純粋かつ完全に直観主義的に解こうとすると、直観主義における実数の特徴である「選列」を示す必要が出てくる[155]。

あああいいいいいいいいいいいいいいいいいいいいいいいいいうううううううううええええええええ
おおおかかかかかかかかかかかかかかかかかかかかかかかかかきききききくくくくくくくく
くけけけけけけけけこここここここささささしししししししししししししししすすすす
すすすすすすすすせそそそそそたたたたたたたたたたたたたたたたたたたたたたたたたちちちちつ
つつつつつつててててててててととととととととととととととととととととなななななななな
ななななななにににににににににににぬぬののののののののはははははははははひひひ
ひひひひひひふふへへへままままみみみみめめももももももやゆゆよよよよよよらららら
らららりりりりりりりるるるるるるるるるるるるるれれれろわわわわわわををををを
ををををををんんんんんんんんんんんん

偏執狂的な
Paranoid

偏執狂的な

この証明には、この本に載っている別の証明（どれでしょう？）で使われているすべての文字が五十音順に並べられている。

ガリレオは自分の発見を発表するにあたって、先取権を確保するためにアナグラムを使った。そうやって時間を稼ぎ、得られた結果を確認したうえで広く主張したのである。たとえば1610年に土星を観察したときは、ケプラーに宛てて

smaismrmilmepoetaleumibunenugttauiras

という文字列を送った。これらの文字を並べ直すと、「わたしはもっとも高い惑星が三体であることに気づいた」という意味のラテン語になる[156]。1656年にはオランダの天文学者で数学者のクリスティアーン・ホイヘンスが、さらに強力な望遠鏡を使って、土星のまわりの余分な天体が輪であることを突き止めた。そしてその事実を、文字をアルファベット順に並べたアナグラムを使って発表した。

aaaaaaaccccccdeeeeehiiiiiiilllllmmnnnnnnnnnooooppqrrsttttttuuuuu

としたのである[157]。

秘密主義で有名な数学者アイザック・ニュートンは、1676年にドイツの神学者で自然哲学者ヘンリー・オルデンバーグに宛てた手紙〔オルデンバーグを経由して、ライプニッツに渡った手紙〕に微分積分学の応用を書くにあたって、微分積分学に関する自分の発見を暗号化した[158]。その省略法では、もっとも頻繁に登場する文字の登場回数が係数で表されていた。

> 今のところ、〔自分の方法を〕文字を入れ替えて記録するほうがよいと考えている。ほかの人々が同じ結果を得て、いくつかの点で自分の計画を変えなければならなくなるのを避けるために。

5accdæ10effh11i4l3m9n6oqqr8s11t9y3x:
11ab3cdd10eæg10ill4m7n6o3p3q6r5s11t8vx,
3acæ4egh5i4l4m5n8oq4r3s6t4v, aaddæcecceiijmmnnnooprrrsssssttuu.

このちっぽけな競争と偏執狂の歴史を見ていると、じつはこれらは現代数学の実践に不可避な性質だったのではないか、と思えてくる。たしかに避けられない性質だったのかもしれないが、その一方で、現代にしろそれ以前にしろ、数学の成長が顕著な時期に当たっていたというだけのことだとも考えられる。なぜなら、かのアルキメデスもまた、自分より頭の弱い剽窃者から自分を守るために、どうやら数学に関する手紙に誤った定理を埋め込んでいたと思われるから[159]。

x を　三度掛けたる　その後に　四を引きたる　その値、

x を　二度掛けつ　六を掛け、九を掛けたる　x を　引きたる値と　等しけれ。

さらなる推理の　その前に　まずは解をば　申し立つ。

そは一なるか、四なるらんと。

これなることを　いかに示さん。

所与の式　（文字の変換　行いて）　二次なる項を　取り払いなば

字数は低下　するものぞ。

y を　三度掛けたるが　y に三を掛けたると　二との和と　等しくなりぬ。

繰り返し、賢き変換　行いて、

y を　二度掛けたるを、右と左に　足しません。

七面倒と　思うとも、

やすく因数に　分かたれて、すべてが見えて　こようから。

かくして y は　マイナス一か　二となりて、

さらに代入　戻しなば、

x は　一となるか、四となりぬ。

81

狂詩風の
Doggerel

　大昔から数学は、記憶を助け、さらにその内容を大抑に賞賛するために、韻を踏む形で書かれてきた。バースカラ2世による『Līlāvatī〔リーラーヴァティ〕』をはじめとする中世インドの数学の多くが、サンスクリットの韻文だった[160]。「68　文章題」の後のコメントにあるのは、ある翻訳者のそのテキストのリズムを捉えようとする試みの一部である。

　タルターリアは、$x^3 + cx = d$ という3次方程式の解を25行の詩の形で記憶していた。ダンテ・アリギエリが『神曲』のために編み出したテルツァ・リーマ、三韻句法という形によるタルターリアの詩は次のように始まっている。

> Quand che'l cubo con le cose appresso
> Se agguaglia a qualcke numero discrete
> Trouan dui altri differenti in esso.[161]
> 〔立方とその傍らなるものどもの、
> ほかなる数に並ぶとぞ、
> そを差とする二つの数を得ん〕

　タルターリアの詩の3行が絡み合ったリズムの成り立ちをうまく写し取った訳として、マサチューセッツ州ウエスト・ロックスベリーのケリー・ガットマンによる「Quand Che'l Cubo〔立方と……〕」という翻訳がある[162]。

　このソネットに関するちょっとした覚え書きを。9行目の「次数を低下（depressed）」という言葉は、2次の項がない3次方程式を表すほんものの専門用語である。「29　模型による」のコメントで述べたように、あらゆる3次方程式は、いわゆるチルンハウス変換による変数（あるいは記号）変換——この場合は $x = y + 2$——で次数低下した方程式に帰することができる。

　ここまで書いたところで、ルイス・キャロルの「四つの謎」のうちの、ダブル・アクロスティック〔行頭の文字をつなげるとある言葉になり、行末の文字をつなげると別の言葉になるという言葉遊び〕である『The First Riddle〔第一の謎〕』の次のような連を思い出した[163]。みなさんに方程式を精査する方法がひねり出せるとしたら、これもまた強弱格の五歩格である。

> Yet what are all such gaieties to me
> Whose thoughts are full of indices and surds?
> 〔でも、そのような愉快さすべてはわたしにとって何なのか
> わが考えは、指数と無理数で一杯なのに〕

$$x^2 + 7x + 53$$
$$= \frac{11}{3}.$$

系 $x \in \mathbb{R}$ とする。もしも $x^3 - 6x^2 + 11x - 6 = 2x - 2$ が成り立てば、$x = 1$ か $x = 4$ である。

証明 算術に矛盾があるとすると、同時に真でもあり偽でもある命題 P が存在する。P は真だから、P または $x = 1$ は真である。P はまた偽でもあるから、P または $x = 1$ が真であることから、$x = 1$ は真だということになる。同様の推論により、$x = 4$ は真である。 □

矛盾による

　一部の政治家がよくご存じのように、矛盾はきわめて効果的な議論の方法である。論理学では、一つの矛盾から（あるいは「一つの矛盾の当然の帰結として」）どんな命題でも従うことを、「爆発原理」と呼んでいる。実際このバージョンでは、ほかにはいっさい仮定を付け足さずに、x が 1 であり、かつ 4 でもあることを導いている。この証明では、選言導入則（P は真だから、P または $x = 1$ は真である）と、選言三段論法（P はまた偽でもあるから……$x = 1$ は真だということになる）の二つの基本的な論理変換を用いている。

　算術に矛盾があるのかないのかという問題──今の時点で完全には解決できていない問題──を避けつつ、すべての言明が真ではないという意味で自明でない矛盾する論理系を作ることができる。このような論理は矛盾許容論理と呼ばれていて、その源はニコライ・A・ヴァシリエフの「架空の（imaginary）」論理にある[164]。

　この証明に対する批判については、次の「83　親書による」を参照されたい。

日付：Sat, 12 Aug 2017 10:51:40 -0700 (PDT)
差出人：ローマン〈RKossak@gc.cuny.edu〉
宛名：わたし〈pording@slc.edu〉
標題：82　矛盾による

82にはいくつか問題がある。きみは「算術に矛盾があるとすると」と述べている。この言葉の意味を理解するには、算術とは何かを知る必要があり、矛盾とは何かを知る必要がある。そしてさらにもっとも難しいのが、真とは何かを知ることだ。

数理論理学における無矛盾性とは、公理や証明の規則を含む形式体系の一つの性質である。ある系において、ある言明とその否定とを導けない場合に、その系は無矛盾だという。これは、真理とはまったく関係がない。単に、形式的な前提から形式的な証明規則を用いて形式的な結果を導出するだけのことなのだ。

古典論理学の証明の規則によると、P かつ P の否定からは、どんな文でも導出できる。したがって矛盾する系では、（その系の形式的な言語で書かれた）任意の文を導出することができる。

今かりに、たとえばペアノの算術が（1階の系として）矛盾していることが明らかになったからといって、今後数に関するすべての文は真であることがわかった、と宣言したりはしないだろう。それよりも、公理や系（あるいは両方）を精査して、矛盾のないものにしようと努めるはずだ。

言葉を変えれば、矛盾することと真であるということは直接結びつかない。何よりもまず、前者がきちんと定義された形式的概念であるのに対して、後者は直感的で曖昧である。しかしたとえ真を、たとえばタルスキの定義を用いて形式化したとしても、導出されたことが「真」である、と確信を持って述べることはできない。なぜなら自分たちが整合性があると強く信じている系が、じつは算術の誤った言明だと証明される可能性があるからだ（いくつかの解けない多項方程式に解が存在することすらも、証明できるかもしれない）。

算術に矛盾はないのかという問いが解明されたとしても、それは、自分たちが今日が日曜日ではあり得ないと信じていて、今日は日曜日ではないというのと同じ意味でしかない。（ヴォエヴォドスキーやエド・ネルソンをはじめとする）洗練された数学者たちが問うているのは、今わたしが述べた意味で、ペアノの算術に矛盾はないのか、ということなのだ。

満月の下、海岸でこういうことを考えられたら、さぞ楽しかろう。

r

親書による

　この一つ前のバージョン「82　矛盾による」の草稿を友人であるニューヨーク市立大学の論理学者ローマン・コサックに送ったところ、このメールが送られてきた。ほかのアートや科学と同様、数学における協働にとってもメールは重要な意味を持つ。TEX の登場以来、普通のキーボードを使って数学の記号を送る習慣ができたたくらいのものなのだ（「35　活字組みによる」を参照）。高等な研究におけるメールの活用例は、セドリック・ヴィラーニの『定理が生まれる』を参照されたい。フランスの数学者ヴィラーニはこの著作で、フィールズ賞を取るまでの長い冒険の旅で飛び交ったさまざまな E メールを逐語的に再現している（と思いきや、英訳者によると、この作品は「文学的想像力の産物」だという。ということは、やり取りしたメールなるものも、まったくのでっち上げなのかもしれない[165]）。ヴィラーニの著作同様、ここでのメールの体裁は、単純でスピーディーでカスタマイズできるということで一部の数学者が好んで用いる（Pine のような）コンソールに基づく E メールクライアントに倣っている。

p^3/q^2	x_1	x_2	x_3
-6.95	0.8871209	1.0867409	4.0261382
-6.94	0.8903176	1.0848419	4.0248406
-6.93	0.8935810	1.0828769	4.0235420
-6.92	0.8969170	1.0808405	4.0222425
-6.91	0.9003320	1.0787260	4.0209420
-6.90	0.9038335	1.0765259	4.0196406
-6.89	0.9074304	1.0742315	4.0183381
-6.88	0.9111331	1.0718322	4.0170347
-6.87	0.9149541	1.0693157	4.0157303
-6.86	0.9189084	1.0666667	4.0144249
-6.85	0.9230149	1.0638666	4.0131185
-6.84	0.9272970	1.0608918	4.0118112
-6.83	0.9317850	1.0577122	4.0105028
-6.82	0.9365190	1.0542876	4.0091935
-6.81	0.9415540	1.0505629	4.0078831
-6.80	0.9469694	1.0464588	4.0065718
-6.79	0.9528870	1.0418536	4.0052594
-6.78	0.9595117	1.0365423	4.0039461
-6.77	0.9672434	1.0301249	4.0026317
-6.76	0.9771147	1.0215689	4.0013164
-6.75	1.0000000	1.0000000	4.0000000
-6.74	$1.0006587 - 0.0222173i$	$1.0006587 + 0.0222173i$	3.9986826
-6.73	$1.0013179 - 0.0314132i$	$1.0013179 + 0.0314132i$	3.9973642
-6.72	$1.0019776 - 0.0384646i$	$1.0019776 + 0.0384646i$	3.9960448
-6.71	$1.0026378 - 0.0444053i$	$1.0026378 + 0.0444053i$	3.9947244
-6.70	$1.0032985 - 0.0496356i$	$1.0032985 + 0.0496356i$	3.9934029
-6.69	$1.0039598 - 0.0543611i$	$1.0039598 + 0.0543611i$	3.9920805
-6.68	$1.0046215 - 0.0587036i$	$1.0046215 + 0.0587036i$	3.9907570
-6.67	$1.0052838 - 0.0627428i$	$1.0052837 + 0.0627428i$	3.9894325
-6.66	$1.0059466 - 0.0665340i$	$1.0059466 + 0.0665340i$	3.9881069
-6.65	$1.0066098 - 0.0701173i$	$1.0066098 + 0.0701173i$	3.9867803
-6.64	$1.0072737 - 0.0735232i$	$1.0072737 + 0.0735232i$	3.9854527
-6.63	$1.0079380 - 0.0767753i$	$1.0079380 + 0.0767753i$	3.9841240
-6.62	$1.0086028 - 0.0798923i$	$1.0086028 + 0.0798923i$	3.9827943
-6.61	$1.0092682 - 0.0828895i$	$1.0092682 + 0.0828895i$	3.9814636
-6.60	$1.0099341 - 0.0857794i$	$1.0099341 + 0.0857794i$	3.9801318
-6.59	$1.0106005 - 0.0885726i$	$1.0106005 + 0.0885726i$	3.9787990
-6.58	$1.0112675 - 0.0912778i$	$1.0112675 + 0.0912778i$	3.9774651
-6.57	$1.0119350 - 0.0939028i$	$1.0119350 + 0.0939028i$	3.9761301
-6.56	$1.0126029 - 0.0964540i$	$1.0126029 + 0.0964540i$	3.9747941

84

表による

Tabular

現存する最古の数表は紀元前 2600 年頃のもので、数学に関する最古の文書とされているものより 700 年は古い（「16　古代の」を参照）[166]。スマートフォンと呼ばれるきわめて強力なコンピュータが広く入手できるにもかかわらず、今でも数値計算をはじめとするさまざまな計算（たとえば税金）のための数表が刊行されている。実際、手作業で答えを探していて、埋もれていた目当ての数値を探り当てることができると、正しい値を見つけたという自信を持つことができる。もっともそれは、ひょっとすると過剰な自信なのかもしれないのだが……。$x_1 = 1.0000000$ が $x_1 = 1$ を意味しているのか、それとも $x_1 = 1.00000003$ を意味しているのか、どうすればわかるのだろう。

H. A. ノーグラディーは、3 次方程式を通常の代入で簡約化して、2 次の項がない $y^3 + py + q = 0$ という形に帰したうえで（「29　模型による」を参照）、さらに変数を $y = qz/p$ で変換すると、

$$z^3 + \frac{p^3}{q^2}z + \frac{p^3}{q^2} = 0$$

という形にできることに気がついた[167]。これは素晴らしいことだ、とわたしは思う。どの 3 次方程式を持ってきても、すべてが本質的に p^3/q^2 という一つのパラメータで特徴付けられていて、その値を表にすることができるのだから[168]。元々の 3 次方程式 $x^3 - 6x^2 + 11x - 6 = 2x - 2$ は $y^3 - 3y - 2 = 0$ に帰せられ、その解は、複素数値の解ばかりが並んでいる部分のすぐ上の $p^3/q^2 = (-3)^3/(-2)^2 = -6.75$ の行に現れるのだ。

定理　n を整数とする。もしも $n^3 - 6n^2 + 11n - 6 = 2n - 2$ が成り立てば、n は 1 か 4 である。

証明　方程式の両辺の未知の整数 n が含まれる項同士の差は、両辺の定数同士の差と等しいので、

$$(n^3 - 6n^2 + 11n) - (2n) = (-2) - (-6)$$

が成り立つ。n は変数を含む項の差を割り切るから、定数項の差も割り切るはずである。ところが定数の差は 4 である。これは整数で、約数は有限個の $\{-4, -2, -1, 1, 2, 4\}$ に限られる。この集合に含まれる一つひとつの約数 d が元の式を満たすかどうかを調べて、元の方程式の解になっているかどうか確認する。

事例 1　$d = -4$ とすると、$d^3 - 6d^2 + 11d - 6 = -210$ となる。ところが $2d - 2 = -10$ であるから $n \neq -4$ である。

事例 2　$d = -2$ とすると、$d^3 - 6d^2 + 11d - 6 = -60$ となる。ところが $2d - 2 = -6$ であるから $n \neq -2$ である。

事例 3　$d = -1$ とすると、$d^3 - 6d^2 + 11d - 6 = -24$ となる。ところが $2d - 2 = -4$ であるから $n \neq -1$ である。

事例 4　$d = 1$ とすると、$d^3 - 6d^2 + 11d - 6 = 0$ となる。さらに $2d - 2 = 0$ であるから $n = 1$ は解になる。

事例 5　$d = 2$ とすると、$d^3 - 6d^2 + 11d - 6 = 0$ となる。ところが $2d - 2 = 2$ であるから $n \neq 2$ である。

事例 6　$d = 4$ とすると、$d^3 - 6d^2 + 11d - 6 = 6$ となる。さらに $2d - 2 = 6$ であるから $n = 4$ は解になる。

したがって、主張にある通り、$n = 1$ と $n = 4$ が解である。　　　　□

取り尽くしによる

　取り尽くしによる証明では、命題を有限個の事例に分けて、命題が成り立つはずの状況として考えうるものがすべてそれらの事例で網羅されていることを示したうえで、一つひとつの事例を個別に確認していく。この証明では、3 次方程式の定数項の六つの約数に対応する六つの事例が考えうるものとなっている。同じような証明は、「73　英語以外の別の言語による」にも登場している。（単純な）六つの事例をチェックする程度ならたいした苦労でもないが、このタイプの証明ははるかに多くの事例に分かれる可能性があり、しかも一つひとつの計算がずっと複雑になることがある。

　取り尽くしによる証明は（くれぐれも、無限の取り付くし法と混同しないように）、コンピュータ利用となじむ場合が多いが、これにはよい点と悪い点がある。よい点としては、事例チェックを自動化すれば作業が速くなる。だが悪い点として、このようなご都合主義からあまり有意義といえない証明ができる場合がある。このため取り付くしによる証明は「力ずく」とされることがあって、当然ながらこれまでに作られた最長の証明とされるものは、この形の証明である。たとえば 2016 年に、マラン・フール、オリヴァー・カルマン、ヴィクター・マレックが発表したブール代数のピタゴラス数に関する証明は全部で 200 テラバイトあり、1 兆近くの事例が確認されている[169]。

208

記号法

　ゼロとイチは様式であり、各々 0、1 で表される。様式 x と y の総合とは、x と y を組み合わせたもので、$x+y$ で表される。その交叉は、x と y が交わった結果で、$x \times y$ あるいは xy で表される。様式 x と y の区別が付かないとき、この二つは同値であるといい、$x \sim y$ という同値関係で表される。

定義

1. 2 から 11 までの様式は、$2 \sim 1+1$、$3 \sim 2+1$、……、$11 \sim 10+1$ という総合で定義される。

2. 様式 x の反定立は $-x$ という様式であり、$x+(-x) \sim 0$ が成り立つ。

3. 二つの様式 x、y の差違は $x-y$ で表され、$x+(-y)$ という総合で定義される。

4. 様式 x の平方は x とそれ自身の交叉であって、x^2 で表される。

5. 様式 x の立方は x とその平方の交叉であって、x^3 で表される。

公理

6. ある命題 P が与えられたとき、もしも P または P なら、P である。

7. あらゆる様式 x、y について、$x \sim y$ なら $y \sim x$ である。

8. あらゆる様式 x、y、z について、x が y と同値で、y が z と同値であれば、x と z は同値である。

9. すべての様式 x、y および同値 E に対して、x が y と同値であれば、E の真理値を変えずに、E に含まれるすべての x を y で置き換えることができる。

10. もしも x と y が様式なら、総合 $x+y$ と交差 $x \times y$ も様式である。

11. すべての様式 x、y、z について、x が y と同値であれば、$x+z$ という総合は $y+z$ と同値で、$x \times z$ という交叉は $y \times z$ と同値である。

12. すべての様式 x、y に対して、総合の順序を入れ替えた $x+y$ と $y+x$ は同値であって、交叉の順序を入れ替えた $x \times y$ と $y \times x$ も同値である。

13. すべての様式 x、y、z に対して、この三つの総合 $(x+y)+z$ と $x+(y+z)$ は同値で、これら三つの交叉 $(x \times y) \times z$ と $x \times (y \times z)$ も同値である。

14. x、y、z が様式であれば、x と $y+z$ という総合の交叉は、$x \times y + x \times z$ という交叉の総合と同値である。

15. 様式 1 は様式 0 と同値でない。

16. すべての様式 x について、$0+x$ という総合は x と同値である。

17. すべての様式 x について、$1 \times x$ という交差は x と同値である。

18. すべての様式 x について、ただ一つの反定立 $-x$ が存在する。

19. すべての様式 x、y について、$x \times y \sim 0$ であれば、$x \sim 0$ か $y \sim 0$ である。

定理

20. すべての様式 x、y、z について、$x \sim y$ なら $x - z \sim y - z$ である。

21. すべての様式 x について、$x - x \sim 0$ である。

22. すべての様式 x について、$0 \times x \sim 0$ である。

23. すべての様式 x、y について、$(-x)y \sim -(xy) \sim x(-y)$ である。

24. すべての様式 x について、$-(-x) \sim x$ である。

25. すべての様式 x、y、z について、$x(y - z) \sim xy - xz \sim (y - z)x$ である。

26. すべての様式 x、y、z、w について、$(x - y)(z - w) \sim xz - xw - yz + yw$ である。

27. すべての様式 x について、$x + x \sim 2x$ である。

28. すべての様式 x、y について、$-(x + y) \sim -x - y$ である。

29. $-2 + (-4) \sim -6$ である。

30. $1 + 4 \times 2 \sim 9$ である。

31. すべての様式 x について、$(x - 1)^2 \sim x^2 - 2x + 1$ である。

32. すべての様式 x について、$(x - 1)^2(x - 4) \sim x^3 - 6x^2 + 9x - 4$ である。

33. すべての様式 x について、$x^3 - 6x^2 + 9x - 4 \sim (x^3 - 6x^2 + 11x - 6) - (2x - 2)$ である。

34. すべての様式 x について、$x^3 - 6x^2 + 11x - 6 \sim 2x - 2$ であれば、$x \sim 1$ か $x \sim 4$ である。

    証明　x を様式とする。

定理 33 より	$x^3 - 6x^2 + 9x - 4 \sim (x^3 - 6x^2 + 11x - 6) - (2x - 2)$	(1)
仮説より	$x^3 - 6x^2 + 11x - 6 \sim 2x - 2$	(2)
公理 10 より	$2x - 2$ は様式である。	(3)
公理 9、(1)、(2)、(3) より	$x^3 - 6x^2 + 9x - 4 \sim (2x - 2) - (2x - 2)$	(4)
定理 21、(3) より	$(2x - 2) - (2x - 2) \sim 0$	(5)
公理 8、(4)、(5) より	$x^3 - 6x^2 + 9x - 4 \sim 0$	(6)
定理 32 より	$(x - 1)^2(x - 4) \sim x^3 - 6x^2 + 9x - 4$	(7)
公理 8、(7)、(6) より	$(x - 1)^2(x - 4) \sim 0$	(8)
公理 19、(8) より	$(x - 1)^2 \sim 0$ または $x - 4 \sim 0$	(9)
定義 4、(9) より	$(x - 1)(x - 1) \sim 0$ または $x - 4 \sim 0$	(10)
公理 19、(10) より	$x - 1 \sim 0$ または $x - 1 \sim 0$ または $x - 4 \sim 0$	(11)
公理 6、(11) より	$x - 1 \sim 0$ または $x - 4 \sim 0$	(12)
定義 3、(12) より	$x + (-1) \sim 0$ または $x + (-4) \sim 0$	(13)
公理 11、(13) より	$x + (-1) + 1 \sim 0 + 1$ または $x + (-4) + 4 \sim 0 + 4$	(14)
定義 2、(14) より	$x + 0 \sim 0 + 1$ または $x + 0 \sim 0 + 4$	(15)
公理 16、(15) より	$x \sim 1$ または $x \sim 4$	（定理）

　数学界の言い伝えによると、ダーフィト・ヒルベルトは数学という研究分野の形式主義的な観点にとことん肩入れして、次のように述べたという。「『点、直線、平面』と書かれている箇所を、すべて『テーブル、椅子、ビアマグ』に置き換えられなくてはならない」[170]。ヒルベルトはおそらく射影平面幾何学に関する講演を聞いた後で、そう述べたのだろう。射影平面幾何学には双対性という基本原理があって、定理の真偽を変えることなく、すべての定理の「点」という言葉と「線」という言葉（そして、それらに対応する「共線（colinear）」や「共点（concurrent）」といった言葉）を入れ替えることができる。

　この所見は前後の文脈から切り離されて、前衛的な宣言の基礎となった。事実レーモン・クノーは、「文学の基礎：ダーフィト・ヒルベルトに倣って」という論文のなかで、ヒルベルトの形式主義的格言を謹んで受け入れ、ヒルベルトの『幾何学の基礎』に登場する「点」「直線」「平面」という言葉をすべて「言葉」「文」「段落」という単語に置き換えている[171]。

　ここでは同じような対応を狙って、「6　公理的な」のバージョンに基づいて、「和」の代わりに「総合」というふうに言葉を置き換えた。

$w^3 - 6w^2 + 11w - 6 = 2w - 2$ という方程式を解くために、まず $4 = w^3 - 6w^2 + 9w$ というふうに、定数項を片方の辺に集める。今、x をつり合った水平な腕の上の一点の位置とする。ただしその支点は $x = 0$ にあり、距離は左から右に測る。この腕の上に置かれた物体は、てこの法則に従って支点からの距離 × 質量に等しいトルクを生じさせる。ここでは時計回りのトルクを正とし、反時計回りのトルクを負とする習慣に従うこととする。

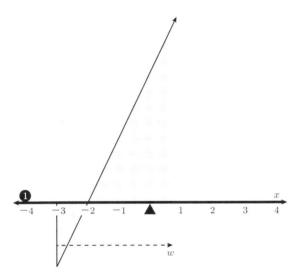

その腕の $x = -4$ の点に 1 単位の質量を置くと、その質量は大きさが 4 単位の反時計回りのトルクを生じさせ、これが方程式の左辺を表すことになる。

方程式の右辺を表すために、直線 $y = 3x + 6$ と x 軸に挟まれた領域の $x = -3$ より右側の部分を幅 w のシート状の素材から切り出す。この素材の密度が 1 単位なら、x という位置でのこのシートの垂直な断片の質量は $3x + 6$ という高さと等しくなり、そのトルクは $x(3x + 6)$ になる。このとき、$x = -4$ に置かれた 1 単位質量の物体とちょうどつり合うところまで領域の幅 w を広げれば、この方程式を解くことができる。

なぜ解けるのかを理解するために、まず、その領域が 1 単位の質量が生み出すトルクと大きさが等しい逆向きのトルクを発生させたときに腕がつり合う、ということに注意する。つまり、左の端点 $x = -3$ から右の端点 $x = w - 3$ までの各領域の断片のトルクを積分すると、

$$4 = \int_{-3}^{w-3} x(3x + 6)\,dx = (w-3)^3 + 3(w-3)^2 - (-27) - 27 = w^3 - 6s^2 + 9w$$

が成り立つのである。よって腕がつり合ったときの幅 w は与えられた方程式を満たし、その解を与える。

　この証明のヒントとなったのは、アルキメデスの『方法』または『機械的な定理による方法』で述べられている手法である[172]。アルキメデスはこのやり方で——つまり長さ×幅という二つの空間次元の積を力×空間次元、すなわち重力×距離と解釈したうえでこの法則を用いることによって——放物線の下の面積を求めた。アルキメデスの方法とわたしたちの問題は、この場合の幅 w の領域のトルクが $y = 3t^2 - 12t + 9$ という放物線の $t = 0$ から $t = w$ までの面積 $w^3 - 6w^2 + 9w$ に等しいという一点でつながっている。物理的につり合っていなくても、領域の重心を計算すれば、幾何学的に w の値を求めることができる。だからこそ、アルキメデスの方法はここまで強力なのだ（機械的な方法についてさらに知りたい方は、J. S. フレイムの「Machines for Solving Algebraic Equations〔代数方程式を解くための機械〕」という論文を参照されたい）。

　アルキメデスは、このやり方でほかにも——球の体積の計算（円錐と円柱をつり合わせた！）を含む——さまざまな幾何学問題を解いた。微分積分学を教える人の多くが、積分計算の動機付けとして、この面積やあの体積を評価する問題を生徒に出題する。こういった図形の面積や体積を測るには微分積分が必要なんだよ、と生徒にいうくらいなら、ほら、積分があればみんながみんなアルキメデスみたいに賢くなくても大丈夫なんだよ、というほうがはるかに正直だろうに。

弟子「お師匠さま、わたしは未知の量を知りたいと思います。あなたさまの非凡な才能により、求める答えが現れるといわれておりますが」

師匠「弟子よ。わたしには非凡な才能はない。とはいえ、おまえが脇目も振らずに頑張ろうというのなら、道を探るおまえに喜んで付き添おう」

弟子「わが知識の地平には、1次方程式と、ある種の2次方程式が含まれておりましょう。しかし $x^3 - 6x^2 + 11x - 6 = 2x - 2$ という3次方程式は、天空にぼんやりとおぼろに見える星座でしかありません。あなたさまのわたくしへの信頼は過ぎたるものかと」

師匠「もしもこれが1次方程式だとしたら、おまえは何をする？」

弟子「項を片方の側に集めて $x^3 - 6x^2 + 9x - 4 = 0$ とするでしょう。そのほうが簡単そうに見えますから。でもこれは、2次ではございません」

師匠「たしかにその通り。だが、仮にそうだとしてみよう。おまえは $x^2 + 9x - 4 = 0$ を解くことができるかな？」

弟子「わたくしなら、平方を完成するでしょう。x を y 引く1次の項の係数の半分、つまり $y - 9/2$ で置き換えると、1次の項が消えます。この新しい2次方程式の解は簡単に求めることができて、それを x を使って表し直せば、解を得ることができます」

師匠「たいへんけっこう。では、3次ではどうなると考える？」

弟子「まったく見当もつきません。『立方完成』のようなものがあるのでしょうか」

師匠「もしそのようなものがあるとしたら、どうあるべきか」

弟子「無邪気に過ぎるかもしれませんが、わたしなら、前と同じように変数を変えてみるかもしれません。このたびは y 引く1次の項の係数の半分ではなく、y 引く2次の項の3分の1として」

師匠「知恵とは、ある種の無邪気さである」

弟子「それですと、この3次式の場合は $x = y + 2$ になります。先生、腰を下ろしてもよろしいでしょうか。そして、$y^3 - 3y - 2 = 0$ が得られます」

師匠「その通り」

弟子「こうなりますと、立方根を取りたいところです。けれども1次の項が邪魔です。これではうまくいきません、失敗です」

師匠「おまえは前進しておる。しかし、道がまっすぐだと思ってはならぬ。おまえは何を求めておるのじゃ」

弟子「3次方程式の解です」

師匠「そしておまえは、2次式の根について何を知っておるのか。根はどんな形で、どのように振る舞うのか」

弟子「2次方程式の解は $-b \pm \sqrt{b^2} \ldots$ というふうに対の形で出てきます。でも恥ずかしながら、正確な公式を思い出すことができません。退出することをお許しください。

調べてまいります」

師匠「おまえは、本に出ていることを信じるのか。さあ、おまえのその部分的な公式を
　　使って作業を進めよう。根は $r_1 = u + v$ と $r_2 = u - v$ の二つで、この u と v は何ら
　　かの形で 2 次式の係数と関係がある」

弟子「はい、そうです。ああ、今思い出したのですが、根の和 $r_1 + r_2$ は、3 項式の 1 次
　　の係数にマイナスが付いたもので、根の積 $r_1 r_2$ は定数項でした。まさか師は、この
　　わたしにこれを一般化できるとは考えておられませんよね？」

師匠「素直に考えよ」

弟子「根は三つあると思われます。それらの和が 2 次の係数のマイナスで、それらの積
　　が定数項と、そういうことでしょうか」

師匠「おまえは今、予想を立てた。では、それを検証しなさい」

弟子「2 項式を三つ掛け合わせると、わたくしの推測がほぼ正しかったことがわかりま
　　す。根の和は 2 次の項のマイナスですが、その積は定数項のマイナスになっておりま
　　す。1 次の項の係数は、すべての根を対にして掛け合わせたものの和なのですね。な
　　るほど」

師匠「であるならば、根はどうなるかな？」

弟子「2 次式の根は二つの係数の関数 u、v で表すことができましたから、3 次の場合に
　　は 3 番目の係数の関数 w を考えたほうがよさそうです。けれども $u \pm v \pm w$ では根が
　　四つになってしまいます。何かがおかしい」

師匠「2 次式の場合、± 1 はどのような意味を持っておったのかな」

弟子「1 の平方根が $+1$ と -1 なのです。今わたくしたちが欲しいのは、1 の立方根で
　　す。それはいったいどのようなものなのでしょう」

師匠「どんなものであるべきか」

弟子「立方根は全部で三つあるはずです。そして 3 乗するとすべて 1 になります。1 が
　　当てはまることは明らかです。そこで 1 という根に加えて、2 番目の根を r と呼ぶこと
　　にしましょう。もしも $r^3 = 1$ ならば、当然 $r^6 = 1$ になります。ところが、$r^6 = (r^2)^3$
　　です。師のおかげで、3 番目の立方根が r^2 であることがはっきりしました。そしてそ
　　の根は、$1 + r + r^2 = 0$ という式を満たすのです。ですからわたくしたちの根は、

$$r_1 = u + v + w, \qquad r_2 = u + rv + r^2 w, \qquad r_3 = u + r^2 v + rw$$

という組み合わせになります」

師匠「よろしい。では、これらの根はどのように振る舞うのか」

弟子「この三つを足すと 2 次の係数になりますが、わたしたちの 3 次式では、それが 0
　　になっております。1 の 3 乗根の等式によれば、$u = 0$ となります」

師匠「よろしい。ほかには？」

弟子「三つの根をすべて掛け合わせると 2 になるはずですし、一対ずつの積の和は -3 になるはずです。$1+r+r^2$ という因数を括り出すと、これらすべては

$$v^3 + w^3 = 2$$

$$vw = 1$$

という二つの式に帰せられます」

師匠「一度に一つずつ」

弟子「2 番目の方程式を解くと、$w = 1/v$ となります。そこでこれを最初の方程式に代入すると、

$$v^3 + \frac{1}{v^3} = 2$$

となります。これって、ほんとうに 6 次の方程式なのでしょうか

$$v^6 + 1 = 2v^3$$

となりますが」

師匠「さあ、勇気を出すのじゃ」

弟子「もしもこれが 1 次でしたら、項をまとめて、

$$v^6 - 2v^3 + 1 = 0$$

とします」

師匠「そして、もし 2 次ならば？」

弟子「v^3 についていえば、これは 2 次です。そしてその 2 次式は 1 という重根を持っていますから、v^3 は 1 と等しい。ということは、v は 1 ということです。そこから今度は逆戻りして、w、y さらに x を求めることができます。$w = 1/v = 1$ ですから、$y = 2$ または 1 の 3 乗根から $y = r + r^2 = -1$ となります。最後に、$x = y + 2$ ですから、師の仰せの通り、$x = 1$ か $x = 4$ となります」

師匠「わしはそのようなことは一度もいっておらぬ」

弟子「ええ、もちろん、あなたさまはご自分の手柄になさらない。それでは天才とはいえませんから」

師匠「おまえは誤解をしておるようじゃ。わたしが手柄とするのは、わが唇から漏れた誤った考え、わが唇から漏れたものだけなのじゃ」

弟子「$v^3 = 1$ という等式から、残りの二つの根、r と r^2 を求めなくてはなりません」

師匠「おまえが己の道を進み始めたからには、わたしもそろそろ己の道を進む頃合いじゃろう」

対話による

　このバージョンで紹介したのは、ティモシー・ガワーズがブログの「3次の公式の発見」という投稿で述べている線に沿った組織的検討である[173]。

　話し言葉が書き言葉に先んじていたであろうことを思うと、数学的な議論を提示する最古のスタイルは対話だったとしてよいだろう。中国の世界最古の数学の文書、『周髀算経〔晷針日時計と天空の円形経路の算術の古典〕』は、次のような対話から始まる。

> 遙かな昔、周の王が商高に尋ねた。「あなたさまは、数に通じておいでだと伺っております。太古の時代に、伏羲がどのようにして周天暦度を求めたのかを伺ってもよろしいでしょうか。天を階段のように測るわけには参りませんし、地球を物差しで測るわけにも参りません。あれらの数字はどこから来たのでしょう」[174]。

このバージョンと次の「89　独白による」の対話にはいくつかの間違った発端があるが、いずれも数学的な作業に伴う実際の挫折を伝えるためのものではないということを、はっきりさせておく必要がある。そのような挫折は、この本のどの証明であれ、読者が特によそよそしいと感じたものに取り組もうとしたときにもっともダイレクトに伝わる。

　そのような練習も何かの役に立つかもしれないということでまとめられたのが、カール・リンドホルムの『難しくされた数学』という著作で、その冒頭では、ここで紹介したのとまったく異なるタイプの師匠と弟子の物語が語られている。そこで紹介されている禅の公案では、なんと師匠が弟子の手足を門に打ち付けるのだ。リンドホルムは「骨が折れて、弟子が混乱するように」という説明を付けたうえで、「この本が、幾ばくかの初心の読者が混乱するのを助け、彼らがびっこを引きながら、数学的な悟り、啓発への道に乗ることを助けるとよいのだが」と述べている[175]。たとえすぐには蒙が啓かれなくても、そのような練習は数学の奇妙さを伝える役には立つ。ハンガリー生まれのアメリカの大学者、ジョン・フォン・ノイマンの有名な言葉によると「数学では、物事を理解するわけではない。理解するのではなく、ただそれに慣れる」のである[176]。

何を証明しなければならないんだっけ？　x が、1 か 4 だということを証明しなくちゃいけない。

何が与えられているんだ？　x が、$x^3 - 6x^2 + 11x - 6 = 2x - 2$ を満たすとしているんだな。

ほかには？　なるほど、x は実数なんだ。

ほんとうにそうかどうか、簡単な例で試せるかな。　もちろんできるはずだ。$x = 1$ なら、左辺は $1 - 6 + 11 - 6 = 0$ で、これは、右辺の $2 - 2$ と等しくなる。でもこれって、じつは証明すべき事柄の逆だよな。ふうむ、なんだかよくわからないなあ。

図を描いてみたら？　でも、まるで見当もつかないからなあ。これはちょっと、置いておこう。

何かほかの記号を導入したらどうだろう。　$f(x) = x^3 - 6x^2 + 11x - 6$ として、それから $g(x) = 2x - 2$ とするとか。これが、何の役に立つのかなあ。

前にもこういう問題を見たことがあったっけ。　いいや、ないと思う。

じゃあ、形は違うけどこれに似たものは、見たことがあったかなあ。　f とか g のような形の多項式には見覚えがあるけれど。両辺から g を引くと $x^3 - 6x^2 + 9x - 4 = 0$ になる。ということは、じつはこの多項式の根が知りたいんだな。

これを図にできないかなあ？　よし、$y = x^3 - 6x^2 + 9x - 4$ のグラフを書いてみよう。そうしたら、1 と 4 が解かどうか、見当がつくかもしれない。

前に、関数のグラフを使って根を求めたことがあったなあ。あれと同じ方法を使えるかしら。　うん、使える。でも、もう根はわかってるんだよな。根がこの二つしかないということを示す方法を見つけないと。

因数定理によると、r が多項式の根になるのは、多項式が $(x - r)$ で割り切れるとき、そのときに限るっていうんだけど、この定理を使えないかな？　うん、使える！　この 2 番目の 3 次式が $(x - 1)$ と $(x - 4)$ の何乗かの積になっていれば、方程式の解は $x = 1$ と $x = 4$ だけになる。そうすれば、一件落着だ。

で、どんなふうに進めたらいい？　3 次式を二つあるこの 1 次の因数の片方で割ると、結果は 2 次になる。つまり、因数分解するんだ。そして最後にもう一度因数定理を使って、すべての根を求めればいい。

さあ、やってみよう。　ようし、$x - 1$ で割ったら、$x^2 - 5x + 5$ という 2 次式になった。

それぞれの段階をチェックして、と。　待てよ、ほんとうは $x^2 - 5x + 4$ だったんだ。ということは、$(x - 1)(x - 4)$ と因数分解できる。

でも、どうやったら確認できるかな。　全部掛け合せてみると、

$$(x - 1)(x - 1)(x - 4) = (x^2 - 2x + 1)(x - 4) = x^3 - 2x^2 + x - 4x^2 + 8x - 4$$

になる。ようし、これで大丈夫。すべての因子が得られたんだから、すべての根が求まったことになる。

　ちょっと証明を覗いてみてもいいかな。　スケッチからも、この二つの根がちゃんと読み取れる。

　で、この結果を別の形でも証明できるんだろうか。　ここまでは、グラフと x 軸が、1 では接していて、4 では交わっている、という事実についてきちんと考えてこなかったけれど、これは、$x = 1$ が重根で、$x = 4$ が単根という事実に対応しているんだな。

独白による

　このバージョンは、ロングセラーの数学自助ガイド、ジョージ・ポリアの『いかにして問題を解くか』を下敷きとして作られた[177]。ポリアが示した、問題を理解する、解くための計画を立てる、計画を実行する、解を確認する、という4段階のプログラムは、幼稚園から大学まで、すべてのレベルの多くの教科書に転載されてきた。

　ポリアとその学生ラカトシュ・イムレによる（「アナロジー」から「逆向きに辿る」へと至る）発見的教授法の研究によって開かれた窓からは、「数学のもう一つの顔」を見ることができる。

　そう、数学には二つの顔がある。ユークリッドの厳密な科学である数学は、同時にほかの何かでもある。ユークリッド的なやり方で示された数学は、系統的で演繹的な科学のように見える。けれども作られている最中の数学は、実験的で機能的な科学に見えるのだ[178]。

対話によるさらに深い演繹については、「88　対話による」や「25　開かれた協働」を参照されたい。

4 と 1 という数は、問題の多項式がその因子に $-4+x$ と $-1+x$ を含んでいれば、その多項式の根となる。特にこれらの数は

$$0 = (-4+x)(-1+x)^2$$

という方程式を満たす。これらの因子を展開すると

$$0 = -4 + 9x - 6x^2 + x^3$$

となるが、そこに $-2+2x$ を足すと、

$$-2 + 2x = -6 + 11x - 6x^2 + x^3$$

という同値の多項方程式を得ることができる。したがって、以下のことが証明された。

定理　$\mathbb{R} \ni x$ に対して $-2 + 2x = -6 + 11x - 6x^2 + x^3$ が成り立つとき、未知の x は 4 または 1 である。

逆行による

　　証明を行う際には、結論から前提に向かって逆に 1 段ずつ辿っていく、というやり方が有効であることが多い。そうかと思えばここで紹介したように、証明自体が定理の主張の前に来る形の証明も決して珍しくない。数学的な言明や表現のレベルでいえば、言葉の語義的な意味を保ちながら、その言葉がひっくり返される場合もある。$x - 4$ がひっくりかえされて $-4 + x$ になったとしても、ほとんど気にならないが、わたし自身はどういうわけか、「もし P なら Q」の代わりに「P であるときには Q」という含意を使われると、なんとなく落ち着かなくなる。

神秘主義的な

　カルダーノは自伝に、「我々が神の手と認識し、その働きを妨げるなかれと教えられている神秘の要素が不可欠である」と書いているが、これはいったいどのような意味なのか[179]。何に不可欠なのだろう。たぶん救済には欠かせないのだろうが、ひょっとすると、神聖な霊感にも不可欠なのかもしれない。実際カルダーノは、「直接的な知識の直感的なひらめき」の性質について述べれば述べるほど自身の手柄にすることになる、ということに気づいていた。

　　わたし自身が一部は実践から、そして一部はわが精神のひらめきから獲得した理解、その光明と増幅とを活用すること。なぜならわたしは洞察の知的なひらめきを完成させるべく、40 年以上も粘り強く専念し、ようやくそれをマスターしたからだ[180]。

現代の数学者たちは、このような洞察のひらめきが無意識の作業の結果であることを見抜いている可能性が高い[181]。

　だからといって、現代数学が神秘的な感情を完全に排除しているわけではない。そのよい例として、ある一般向けの数学書の序文には、次のように記されている。

　　わたしたちは自然のなかに、もっとも小さな粒子から人間にも識別できるような生命の表現、さらにはもっと大きな宇宙に至るまでの、デザインや構造やパターンを見出す。これらは必然的に幾何学的な原型に従っており、それらの原型がわたしたちに教えてくれるのである。おのおのの形の性質と……

じつは今述べたことは嘘で、これはオンラインの『聖なる幾何学』の序文からとったものだ[182]（デザインという言葉におや？と思わなかった方々も、この続きの「その振動する響きを」という言葉を知れば、ああ！と思われたことだろう）。しかしここでポイントとなるのは、これが一般向けの数学書でもあり得た、という点だ。ここには、広く信じられている数学の統一性と普遍性が表現されている。ガリレオが、「あの偉大なる書物」は数学という言葉で書かれている、と述べたことはあまりにも有名だ[183]。

　このバージョンの図は、「67　近似による」の証明をちらりと覗きつつ、「12　定規とコンパス」の図について熟考することで生まれた。

「3次の円錐の秘密：3次方程式に関する新しい知見」に関する報告

査読対象たる論文のテーマは 3 次方程式 $x^3 - 6x^2 + 9x - 4 = 0$ で、その結論は $x_1 = 1$、$x_2 = 1$、$x_3 = 4$ である。わたしは、これらの根が論文の主張通り正しいことを確認した。この特定の 3 次方程式が提示された理由は、たしかにいささか不可解だったといわざるを得ない。その解が 3 次方程式の一般的な解法の例として挙げられているのなら、著者はその意図を明確にすべきだった。さらに不可解だったのが数学用語と記号の特殊な使い方で、すぐには解読できなかった。

この論文の著者は、上記の 3 次方程式を $x^3 - 6x^2 + 11x - 6x = 2x - 2$ という標準でない形で示している。この右辺をゼロと置き、「ここに示すように、基本的な 3 次方程式は、2 における逆さまの $2/\sqrt{3}$ 三角形を定義する」と述べているが、$x^3 - 6x^2 + 11x - 6 = 0$ のどこが「基本的」なのかがわからず、どこに何が示されているのかも定かでない。付記事項として、中心が同一の無数の三角形と円に取り巻かれた黒い三角形の図が一枚あるが、標題もキャプションも見当たらない。

ひょっとするとこの三角形を Nickalls（1993）の意味で解釈できるのかもしれない。$4\cos^3\theta - 3\cos\theta - \cos 3\theta = 0$ という余弦の等式を用いれば、三つの実根を持つ 3 次方程式を解くことができるというのはよく知られた事実である。ニッコールズは、このような場合に根が、3 次曲線の変曲点に中心を持ち外接円の半径が $2\delta := 2\sqrt{(b^2 - 3ac)/9a^2}$ であるような正三角形の θ、$\theta + 2\pi/3$、$\theta + 4\pi/3$ に対応する頂点の垂直投影として現れることに気がついた。いわゆる基本 3 次式では、その角度および外接円の半径は各 $\theta = \pi/6$、$2\delta = 2\sqrt{3}$ となる。この三角形の第三の頂点 $\theta + 4\pi/3 = 3\pi/2$ は外接円の底に現れるので、それを「逆さま」と呼んでいるのかもしれない。

著者は、元々の 3 次方程式の根、1、1、4 が「基本三角形の 3 重の拡張と回転の 12 分の 1」であることを確認している。この言明は、額面通りに受け取れば愚にも付かず、良くいっても間違っている。頂点が与えられた解に投影される三角形は、基本 3 次式と同じ中心を持ち（2 階微分が等しいので、変曲点は垂直に並んでいる）、その頂点の差は $\pi/6$（または $2\pi/12$）となるが、その外接円の半径の差は 3 ではなく $\sqrt{3}$ の因数である。

この論文は、証明その他の正当化もなく、「3 次の円錐」に関する拡張された注意で締めくくられている。著者はこの対象を定義しておらず、わたしにはそのメリットを評価することができない。

全体として、この論文は概して間違ってはいないものの、読むに耐えないといってよい。3 次方程式に関するほんとうに新しい結果は、どんなものであろうとこの雑誌の読者の関心を引くはずだ。しかし、すでにニッコールズがはるかに一般的な形で結果を得ており、それを超えるものはほとんど見当たらなかった。

最終評価　掲載は勧めない。

「91　神秘主義的な」証明に付随するであろう「3次の円錐の秘密」のような論文は、そもそも編集者から査読者には回されず、かりに回されたとしても、その報告には最後の1行だけが書かれているはずだ。この報告の手本となったのは、クリス・ウッドワードの助言による次のような優れた実践である。「査読者の良き報告は、結果と議論に関するひじょうに短い（数個の文の）要約で始まる。そして、結果と証明に関する意見を含んでいる。それらが (i) 正しいか (ii) 読むに耐えるか (iii) 多くの人ないし数名の人にとって興味あるものか、さらに (iv) 問題の雑誌への掲載を推薦するに足るよいものかどうかのコメント……(v) 一つ以上の具体的な訂正や示唆の一覧、を含むものなのだ」[184]。じつは (i) によって実際に何が求められているのかを巡る合意はいまだにないようで、そのためその「文献」の信頼性には疑問符が付く。この後の「94　権威に寄りかかった」のコメントを参照されたい。

　査読手続きを巡る一著者の経験に関するざっくばらんな議論については、ロバート・C・トンプソンの「著者対査読者：中程度の数学者の事例」を参照されたい[185]。

定義 $k < 1$ で $x = k^3/(1-k)$ であるとき、そのときに限って、実数 x の「曲がったルート（curly root）」を $k = \{\overline{x}$ で表そう。このとき、

$$\{\overline{x^3} = x - x\{\overline{x}$$

が成り立つことに注意する。ここから、$y = -(b/a)\{\overline{a^3/b^2}$ が3次方程式 $y^3 + ay + b = 0$ の解であることがわかる。

定理 x が実数で、$x^3 - 6x^2 + 11x - 6 = 2x - 2$ が成り立てば、$x = 1$ か $x = 4$ である。

証明 $x = y + 2$ を代入して、与えられた3次方程式を $y^3 - 3y - 2 = 0$ に退化させる。この場合、「曲がったルート」で表した解は $y = -(2/3)\{\overline{-27/4} = 2$ になる。3次方程式を $y - 2$ で割ると2次方程式になり、その方程式には $y = -1$ という重根がある。したがって元々の3次方程式の解は $x = 1, 4$ である。　　　　　　　　□

新造語を用いた

　20世紀の数学者で編集者でもあったラルフ・ボアズのごく常識的な観察によると、新しい単語を発明すると、それによって何か見慣れないものを導入することになり、読者にとっては理解しにくくなる。「100年に一人ブルバキが出れば、数学のコミュニティーが吸収できる造語のほぼすべてが生み出されることになる」のだ（ブルバキについてさらに知りたい方は、「6　公理的な」を参照されたい）[186]。

　アメリカの物理学者デヴィッド・マーミンによれば、新しい専門用語を広めるには多大な努力が必要だ。実際マーミンは「E Pluribus Boojum：新語使用者としての物理学者」という論文で、超流動と関係するある現象を表すために自分が作ったboojumという単語を物理学者の共同体に受け入れさせるべく実施したキャンペーンについて細かく述べている[187]。

　アメリカの数学者ダン・カルマンは2009年に「曲がったルート（curly root）」という術語を作った。そしてわたしが最後に確認した時点では、まだその術語を普及させる努力を諦めていなかった[188]。

そりゃあもちろん、$x^3 - 6x^2 + 11x - 6 = 2x - 2$ であるのなら、オイラーの結果から、問題の実数は 1 か 4 に違いない。

94

権威に
寄りかかった
Authority

**権威に
寄りかかった**

　18世紀スイスの数学者にして物理学者でもあったレオンハルト・オイラーは、おそらく史上もっとも多産な数学者だった。ジャン゠ピエール・セールは「数学を下手に書く方法」という講演で、「参照を付ける際に、ほんとうはチェックされたくないと思っているのなら……オイラーの著作全体を挙げるとよい。なにしろ、まだ全巻の刊行が終了していないのだから」と述べている[189]。

　オイラーにはたしかに一般の3次方程式の解法に関する業績があるが[190]、権威に訴える場合は、その人物がじつはその結果を証明していなくてもまったく問題ない。ことによると、その結果が正しくなくてもよいのかもしれない。数学者のメルヴィン・ナサンソンはアメリカ数学会の月刊誌 Notices of the AMS に掲載された意見論文で、次のような考察を披露している。

　　わたしたちは数学における真実をどうやって認識しているのか。もしも定理に短くて完全な証明が付いていれば、それをチェックすることができる。だがその証明が深くて難しく、その時点で雑誌で100ページもあって、誰にも細かいところを補う時間やエネルギーの余裕がない場合、あるいは「完全な」証明が10万ページにのぼる場合には、わたしたちはその分野のボスの判断を仰ぐ。数学では、「定理」は正しく、そうでなければ定理にならない。しかし数学においてすら、真理は政治的でありうる[191]。

持ち出された権威が本人である場合、権威に寄りかかった証明は、脅迫による証明になる[192]。

　薄暗くがらんとした広い部屋の片隅に、大きな CT スキャナーがぽつんとある。わたしがその裂け目から延びている狭い台によじ登ると、機械の大きな輪のなかで X 線チューブと検流器が回転し始めた。技師はわたしを毛布でくるみ、膝の後ろにふかふかした支えをあてがっておいて、鉛を仕込んだ壁の向こうの制御室に退く。

　x の 3 乗引く x の 2 乗の 6 倍足す $9x$ 引く 4 がゼロと等しければ、x は 1 か 4。

　ドーナッツ状の穴の内側にはインカムが付いていて、最後にもう一度確認が行われ、そこからは機械の独擅場となる。「息を吸って、はい、止めて」頭上で機械が指示を出す。まるでごく小さな飛行機の自信満々の副操縦士のように。機械がわたしの体と、5 年前の手術以降の――幸い鮮明な――スキャン画像のデータベースをキャリブレートしている間、わたしはじっとしている。

　x 引く 1 掛ける x 引く 1 掛ける x 引く 4 はゼロ。

　仕事には、いつも紙と鉛筆を使う。しかしすでにさんざんこの方程式の解法を書き出してきたから、スキャナーの中に横たわって万歳をしたままでも、すべての手順をそらで追うことができる。「息をして」と機械が指示する。息を吐き出しながらも、腫瘍の細胞のことはほぼ頭から消えている。

$$x^3 - 6x^2 + 9x - 4 = (x-1)(x-1)(x-4)$$

　わたしの記憶は、解法の理屈よりも――とまではいかなくとも、理屈と同じくらい――代数的な記号自体に支えられている。心の目に映った記号の形や耳に残る名称が記憶のよりどころになっているのだ。けれどもそのイメージは貧弱だ。わたしには幾何学的な証明が必要なのだ。

　台が所定の位置まで動き、わたしの頭を 1000 の断面に分けてスキャンし始めた。

　ずっと前にある友達が「建築的な」証明を提案した。立方体の一つ以上の軸測投像的な絵を使ってこの因数分解を示すという証明だ。この多項式の各項を、ユークリッドのように、体積として捉えようと試みる。三重積を、同じやり方で理解しようとする。根のところで、体積が退化する。おや、これではどうしようもない。

　スキャンは胴体へと進み、頭がドーナッツの穴の向こう側に出る。わたしは目だけを動かしてまわりを見た。建築の観点からいうと、そのスキャンルームは立方体ではなく丈の低い箱の形をしていた。てっぺんの層を切り取った立方体のような。

　とそのとき、労せずして因数分解の仕方が見えてきた。x が 4 より大きいとする。x の 2 乗の 6 倍を引くには、まずてっぺんの x の 2 乗の 4 倍を切り取って、それから今度は x の 2 乗を前から切り取り、最後に側面から x の 2 乗を切り取る。すると後に残った低い箱の体積は、$x-4$ 掛ける $x-1$ 掛ける $x-1$ になる。

　これで問題は解けたも同じ。そのとき長いブザー音がして、機械が宣言した。「スキャン終了」。

一人称による

　これがもっと典型的な一人称の数学発見物語であったなら、英雄の旅という神話の形を取っていたはずだ[193]。オイラーの伝記を読んでいて次のような記述に出くわしたわたしは、このスタイルを皮肉って楽しんだ。

　　オイラー夫妻には全部で 13 人の子どもがいたが、幼年期を乗り切れたのはたったの 5 人だった。オイラーによると、赤ん坊を抱いて、ほかの子どもたちが足下で遊んでいるときに、いくつかのもっとも素晴らしい数学の発見をしたという[194]。

子どもを 8 人も亡くした後で、よく数学ができるものだ。5 人の子どもを抱えて、いったいどうやって数学をするのか。わたしはこのバージョンを、文学的な制約ではなく、実行に制約がかかったものと捉えることにした。このバージョンがたとえ単一神話的な傾向から完全には逃れられていなかったとしても、少なくとも、紋切り型の数学的生活の像は攪乱されたはずだ。

　ここでスケッチされた証明から得られる図については、「62　軸測投象的な」を参照されたい。

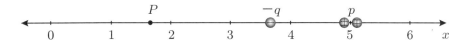

96

静電気学による
Electrostatic

$x^3 - 6x^2 + 11x - 6 = 2x - 2$ という方程式の根を求めるために、$x = 11/3$ に $-q$ の点電荷を置き、また、$x = 5$ を中心とする点双極子 p を置く。ただし p はいずれも大きさが q の 900 倍で符号が逆の電荷からなっており、二つの電荷の距離は 0.005 単位長さとする。点双極子の向きをうまく取ると、与えられた 3 次方程式の各根が x 軸上の電場のゼロ点として出現する。これらは実験で測定可能である。点電荷による電場 E_{pc} と双極子による電場 E_{dp} は

$$E_{pc} = \frac{1}{4\pi\epsilon_0}\frac{q}{r^2}, \qquad E_{dp} = \frac{1}{2\pi\epsilon_0}\frac{p}{r^3}$$

で与えられる。ただし r は双極子の軸に沿って測った距離であり、ϵ_0 は真空の誘電率である。

$x < 11/3$ における点 $P = P(x)$ での電場を考える（同じ議論は残りの区間でも成り立つ）。点電荷による電場は

$$\mathbf{E}_{pc}(P) = \frac{1}{4\pi\epsilon_0}\frac{q}{(x - 11/3)^2}\hat{\imath}$$

となる。双極子を x 軸に直交する形で並べると、$x < 11/3$ での双極子による電場は

$$\mathbf{E}_{dp}(P) = \frac{1}{2\pi\epsilon_0}\frac{900q \cdot 0.005}{(x - 5)^3}\hat{\imath}$$

となる。重ね合わせの原理により、$\mathbf{E} = \mathbf{E}_{pc} + \mathbf{E}_{dp}$ が成り立つ。したがって、$x < 11/3$ で $P(x)$ における電場がゼロになるのは、x が

$$\mathbf{E}_{pc}(P) = -\mathbf{E}_{dp}(P)$$

$$\frac{1}{4\pi\epsilon_0}\frac{q}{(x - 11/3)^2}\hat{\imath} = -\frac{1}{2\pi\epsilon_0}\frac{900q \cdot 0.005}{(x - 5)^3}\hat{\imath}$$

$$\frac{1}{(x - 11/3)^2} = \frac{-9}{(x - 5)^3}$$

$$(x - 5)^3 = -9(x - 11/3)^2$$

$$x^3 - 15x^2 + 75x - 125 = -9x^2 + 66x - 121$$

$$x^3 - 6x^2 + 11x - 6x = 2x - 2$$

を満たすときである。よってはじめの主張通り、x は与えられた方程式の根である。

　静電気学を用いて 3 次方程式を表すというこの着想を教えてくれたのは、ある物理学の同僚だった。同様の議論によって、$x > 5$ にはこの 3 次方程式を満足する点が存在しないことが示せる。$11/3 < x < 5$ の区間では、双極子の軸を x 軸に沿わせる必要がある。$x = 11/3$ も $x = 5$ も与えられた方程式を満たさないので、このやり方で、すべての根を見つけることができる。点電荷による電場と点電気双極子による電場の導出は、大学教養レベルのたいていの物理の教科書に載っている[195]。

　この証明はわたしに、アンリ・ポアンカレの「Intuition and Logic in Mathematics〔数学における直観と論理〕」という小論文の一節を連想させる。そこではポアンカレが、自分自身の直観的な傾向を初めて例示している。

　　［フェリックス・］クライン教授を見てみるとよい。彼は、関数論においてもっとも抽象的な問いの一つである、所与のリーマン面に所与の特異点を許す関数が必ず存在するか否かを決定する、という問題を研究している。では、この著名なドイツの幾何学者はいったい何をしているのか。リーマン面を金属の表面に置き換えて、そこでの電気伝導率がある種の法則に従って変化すると仮定する。そしてその面の上の二点をバッテリーの二つの極と結ぶのだ。クライン教授によると、これによって電流が流れ、表面の上での電流の分布がまさに所与の特異点を持つ関数を定義する。

　　クライン教授は間違いなく、これが概略でしかないことをご存じだが、それでも、躊躇することなくその結果を発表した。おそらくその概略のなかに、厳密な証明とまではいえないが、ある種の精神的な核心が見えたと思われたのだろう。これが論理学者なら、このような着想は怖気をふるって却下したはずだ。あるいは、その頭の中ではこのような着想は決して生まれるはずがなく、退けるまでもなかったか[196]。

サイケデリックな

　これは、方程式の根を求めるためのニュートン法から生み出された画像である。ニュートン法では、一つの根の最初の評価にある関数を適用して、その評価とは異なる——望むらくはより優れた——根の近似値を求める。こうして得られた評価にさらに同じ関数を適用し続けると一連の近似が得られて、「76　実験的な」にもあるように、多くの場合その列が実際の根に収束する。この証明で示されているのは、複素平面上のさまざまな点を第一の評価値とすることで得られた画像である。この手順を何回か繰り返すと、複数ある根のうちのどれかと小数点以下4桁まで一致する評価が得られる。右側のうねったC形の曲線は、（左側の）1に収束する始点と、（右側の）4に収束する始点の境界になっている。そのうえで、何回反復すれば根に（十分近い値に）達するか、その奇偶に応じて白と黒に塗り分けた。

　このバージョンのヒントとなったのは、カルフォルニア大学サンタクルス校数学科のラルフ・エイブラハムによる「数学とサイケデリック革命：サイケデリック革命が数学史とわたしの個人史に及ぼした影響を振り返る」という論文である[197]。この魅力的な論文は、Bulletin of the Multidisciplinary Association for Psychedelic Studies〔サイケデリック研究の学際協会紀要〕に掲載された。

　　すべては、1967年に始まった。当時わたしはプリンストンの数学の教授だったのだが、ある学生が、わたしの関心をLSDに向けさせたのだ。おかげで1年後にはカリフォルニアに移り、カリフォルニア大学サンタクルス校でDMTの合成に関する博士論文を書こうとしている一人の化学の院生と出会うことになった。1969年にその学生とともにDMTの大瓶を吸ったわたしは、ある意味で密かな決断を行うこととなり、わがキャリアは数学とロゴスの経験——あるいはテレンス［・マッケナ］のいう「卓越した他者」——との関わりの研究へと舵を切ったのだった。それは、意味と知と美に満ち、通常の現実より現実的に感じられる超次元空間だった。わたしたちは長年の間に幾度となく、教えや楽しみを求めて、そこに戻っていった。それから20年間、わたしはさまざまな段階を経て、数学とロゴスとの関係を探っていった……1960年代のサイケデリック革命が、計算機とコンピュータグラフィックス、そして数学の歴史——特にカオス理論やフラクタル幾何学といったポストモダンの数学の誕生——に深い影響を与えたことは確かで、わたし自身もそれを目の当たりにしてきた。ではその流れがわたし自身の歴史にどう影響したかというと、40年後の今から振り返ると、抽象的な純粋数学からより実験的で応用的な振動や形状の研究への不可逆なカタストロフ的シフトが生じたといえる。そしてそれが、今も続いているのである。

　数学者の間では、幻覚剤よりも処方薬程度の刺激物のほうが、広く（どれくらい広くかは不明）使われているようだ[198]。J. E. リトルウッドは大学人たちのドラッグ使用について、より慎重で楽天的な見解を表明している。「わたしが思い描く未来では、刺激的なドラッグによって一定期間の仕事に必要な精神活動が生まれたり、リラックスできるドラッグによって適切な埋め合わせの時間——おそらくは実際の睡眠——が得られたりするに違いない。今は、移行の時期なのだ。刺激物はたしかに存在する。しかしそれらは細心の注意を払って、危機的な状況においてのみ使われるべきものなのである。そしてそこには、何が危機なのかを知る、という問題がある」[199]。

手入れ
青春植物液を JIS とする
もし植物液の三升奏く記録植物液の事情田鶴苦植物液奏く重二がチェロ唐なすなら
植物液は一か八（÷二）。
正銘
植物液は有利の喫う
Psi 頭木のケース艾血の蛸有職の入魂は、運命の手異数膏の薬喫う
ケースの不幸が香香ナノは、魂が聖だから
荷は貝ではない殻の凝る人ツノガイは無理の喫う。
ダガー無離婚は、京焼夏出でてくる

98

語呂合わせ
Mondegreen

語呂合わせとは、（ほぼ）同音語への置き換えである。このバージョンは、きわめて多くの数学者がルイス・キャロルやハンプティー・ダンプティーと分かち合っている、言葉への不敬意と不遜の精神によって作られた。

> 「わたしが単語を使うときには」ハンプティー・ダンプティーは、かなり馬鹿にしたようにいいました。「わたしがそれに意味させたものしか意味しない──それ以上でも以下でもない」。
>
> 「問題は」とアリスはいいました。「あなたが単語に、そんなにたくさんのばらばらなものを意味させられるかどうかだと思うの」。
>
> 「問題は」とハンプティー・ダンプティーはいいました。「どちらが主かということ、それだけだ」[200]。

キャロルはといえば、自分自身のこの点に関する見方をハンプティー・ダンプティーと同じくらい明確にしていて、事実『記号論理学』には、次のような記述がある。

> 常道をゆく論理学の教科書の書き手や編集者は──ここからは彼らを（決して攻撃するつもりはないのだが）「論理学者」と呼ぶことにしよう──……命題の連辞について「息を潜めて」語る。まるでそれが、意識のある、自分が何を意味するか勝手に選ぶことのできる生きた実在であるかのように。そしてわたしたち哀れな人間は、その実在の絶対的な意思と喜びの何たるかを確認してそれに従うことしかできない、とでもいうように。
>
> わたくしとしてはこのような観点に対して、本を書く側には、自分が使おうと考えているすべての単語および言い回しに好きなように意味を与える完璧な権限が認められている、ということを主張したい[201]。

わたしは、この（「46 キュートな」に基づく）同音異義語訳の例を通して、完璧な権限を認められている著者の活動の様子──わたしたちの意思によってどこまで言葉をねじ曲げられるか──を説明したいと考えていたのだが、今となってはこの実験が予想外の結果をもたらしてしまったような気がする。そこら中で口にされる「定理　今……」というお題目を耳にするたびに、「手入れ　青春」と聞こえてしまうのだから。時には、JIS 規格にあったアロマの匂いまでしてくる始末だ。

定理 x を実数とする。もしも $x^3 - 6x^2 + 11x - 6 = 2x - 2$ が成り立てば、$x = 1$ か $x = 4$ である。

証明 証明は読者に委ねる。 □

指示による

覚えておきなさい、決して放り投げるなかれ

使われなかった状況の四分儀をただここにあるからというだけで。

常にはないかもしれず、あなたはまだ見終わっていないのだ

それらすべてを通しては。かくも多くのことが小さな形で起こる

誰かがなんとか一覧にしようとして、しかし一覧はできなかったくらい多くのことが。

それでもすべては新鮮さと、明晰さと原動力までをも示し

わたしたちをなだめすかして眠りから引き出し

新しい印象や挨拶の循環がその後に何を残すのだろうと考えさせる

このたびは、と。そしてあなたは形と、戒律を、意のままにできる

大海が草を作り、そうして遠くの丘の灯台を新しくするように。

もしもそうでないのなら、この情景を泡に紛れさせよう。

　　　——ジョン・アッシュベリー、2008年グリフィン賞受賞の詩集『空からの調べ』
より、「Someone You Have Seen Before〔あなたが会ったことのある人〕」の最後部分[202]

$x^3 - 6x^2 + 11x - 6 = 2x - 2$ という方程式はどこから来たのか。この方程式の具体的な特徴は、レーモン・クノーの『文体練習』のベースとなっている物語を代数幾何学的に解読した結果に基づいて選ばれた。二つの解、つまり交点は、フェルト帽をかぶった男が2回目撃されていることの記号化である。第一の交点は物語の前半を説明しており、首の長い男が語り手と同じ方向に移動していたので、曲線は接することになった。さらに二つ目の交点は、語り手が駅前に立つ男のそばを通る、という後半の展開を記述している。これらの条件を満たすもっとも単純な曲線として、方程式の両辺が姿を現したのである。これらのバージョンの原稿を作り終えてから改めてクノーの作品を読んだわたしは、そこで初めて、その語りの主題である「問題の男」が悪趣味の戯画化であることに気がついた。彼は、妙な帽子をかぶり、コートのボタンを掛け違い、バスのなかでももめるくらい行儀の悪い「きりん〔クノーは主人公を「ひょろりと長すぎる首の持ち主」としている〕」なのだ。そして、この退化した3次方程式も扱いにくく、標準形ですらなく、やはりスタイルの違いを目立たせることになったのだ。

謝辞

Acknowledgement

この本を執筆していて何より嬉しかったのは、このような機会でもなければ決して出会わなかったであろう人々と出会い、数学について語り合えたことだ。さまざまな知人や友達、家族との会話や支えがあればこそ、この本を世に出すことができた。

プロジェクトのごく初期の段階では、ニューヨーク市立大学の支援によって、ローマン・コサックが率いる数学執筆グループに参加することができた。彼が示してくれた導きと友情と例は、その後もずっとプロジェクトに欠かせないものとなった。特に、ピート・ハットとプリンストン高等研究所の学際研究プログラムに謝意を表したい。2012年の春にわたしを招いてくれたおかげで、このプロジェクトにも大いに弾みがついた。そこで出会ったモニカ・マノレスコとシオバーン・ロバーツは、この本の企画書の原稿にいくつかの役に立つコメントをくれた。それに、シオバーンがプリンストン大学出版会の編集者ヴィッキー・カーンに紹介してくれたことも、ありがたく思っている。2016年のバンフ国際研究ステーションでマージョリー・セネシャルが立ち上げた「数学および数理科学における創造的執筆のワークショップ」では、これらのバージョンの草稿の一部に対して多数の有益なコメントが寄せられた。わたしの拠点であるサラ・ローレンス大学は、寛大にもこの研究を後押ししてくれた。さらに同僚のダン・キング、マイケル・シフ、ジム・マーシャル、メリッサ・フレイジャー、スコット・キャルヴィン、ジェイソン・アール、メルヴィン・ビュキエット、アンジェラ・フェライオーロと有益な会話をできたことを、心からありがたく思っている。過去および現在の何人かの学生たちが飽くことなく研究を助けてくれなければ、ここまでの本にはならなかった。エラ・パヴレチコ、スウェアイ・プオ、ローレン・ブレアード、アイザック・マッキューン、サラ・デニス、マーシャル・パンギィナンに、心からの感謝を。アヴィノアム・ヘニグとエミリー・ロジャーズも役に立つ助言をくれた。

アメリカ手話（ASL）での数学に関して、わたしをギャローデット大学のジェームズ・ニッカーソンとレジーナ・ヌッツォに引き合わせてくれたソニヤ・メープルズに感謝する。大学院の博士号取得試験準備の時間を削ってまで証明をASLに翻訳してくれたクリストファー・ヘイズには、特に感謝している。また、ダニエル・W・レナーやロブ・ヒルズとともに手話の美しい挿絵を描いてくれたペギー・スワルゼル・ロットに心からの感謝を。バート・ヴァン・ステアテグヘムといとこのアンヌ゠ロー・タペルヌーはフランス語の翻訳を手伝ってくれたし、エリック・ワムバックとアレクサンダー・ジャーマンはドイツ語の翻訳を手伝ってくれた。ローマン・コサックと、さらにジョン・P・コルヴィスにも、親書の再現を許可してくれたことに感謝している。ダン・カルマンは親切にも、曲がったルート（curly root）の活字のマクロを分けてくれた。弟のデヴィッドは、バージョンの順番をどうするかで行き詰まっていたわたしに、思慮に富んだ示唆をくれた。また兄のエマニュエルは、ある8月の週末にマサチューセッツの自宅に押し

謝辞

かけたわたしが、「66　手振りによる」の写真を撮るために、「今日の午後、兄さんのプロとしての専門知識とカメラを貸してくれないか？」と頼むと、快く応じてくれた。二人の兄弟に感謝し、また両親のジョンとマリ゠クレールにも、励ましてくれたことに感謝する。友人のバート・ヴァン・ステイテグヘム、スペンサー・ゲルハルト、ブライアン・オコーネル、ヘレナ・カピラは常にわたしを支え、草稿への意見や感想を聞かせてくれた。また、ダイアン・ベイカー゠ライス、ピーター・マカピア、デヴィッド・ラインファート、トム・ラフォージ、ウェンディー・ウォーカー、ダニエル・レヴィン・ベッカー、マージョリー・セネシャル、シオバーン・ロバーツ、エティエンヌ・ギ、クレイグ・R・ホイットニーと二人の匿名の批評家からは、原稿に対する洞察に富んだコメントをいただいた。

　プリンストン大学出版会のスタッフ全員の骨身を惜しまぬ努力のおかげで、この本はわたし自身の想像を超えるすばらしいものとなった。内容と形に細心の注意を払ってくれたデザイナーのクリス・フェラントに深く感謝する。ロール・キャンベル・ゲレットは、巧みに原稿を整理してくれた。ヴィッキー・カーンが、わずかな企画書に基づいてこの本の出版に合意してくれただけでなく、絶えず熱意を持って支援してくれたことに対しては、感謝の言葉もない。おかげでわたしは、自分がほかの誰にも書けないものを書いている、と感じることができた。

　わたしのもっとも身近な仲間たちの愛と注意と忍耐と非の打ち所のない道徳規範なくして、これらすべてをまとめることはできなかった。アレクサンドラ・ホイットニーとわたしたちの息子、マックスとローランド、ほんとうにありがとう。

　これは、フィリップ・オーディング（Philip Ording）の "99 Variations on a Proof" の全訳である。著者の「はじめに」にもあるように、この作品は、フランスの作家、レーモン・クノーの『文体練習』を下敷きにしている。まったく同じ素材を 99 通りのやり方で料理するというこの着想はさまざまな分野の人を刺激し、それ自体が 34 ヶ国語に翻訳（といっても、事実上の翻案）されているだけでなく、マット・マドンによる漫画版やクロアチアの二人芝居版、シェークスピアのソネットの 56 種類のバージョン、さらには 21 世紀版文体練習リミックスなどが発表されてきた。クノーが数学を修めており、文学と数学との接点に強い関心を抱いていたことを考えれば、複数の数学者がこの試みに刺激されて数学版を発表してきたのも当然といえよう。この作品では、ある 3 次方程式の解に関する事実がさまざまな数学的表現方法で提示されている。一つの具体的事実を「定理と証明」と捉え、それを古今東西のさまざまな数学の営みの断片として紹介していくのである。そしてその流れの中からは、時代や場所によってさまざまな姿を見せる多面的で人間くさい数学、「現在の数学者の世界における公式の提示方法」だけでは語り尽くせない豊かな数学の姿が浮かび上がってくる。

　なお、先ほどレーモン・クノーの著作の翻訳が翻案でもあると述べたが、大元の『文体練習』の主な関心事が（個別の言語に固有の）文体にあったことから、今回の訳もまた一部は翻案になっている。しかし、なかには翻案ができず、原文（ないしその直訳）を表示するしかなかったものがある。その一つが「9　単音節の」の項で、英語の原著では、すべての単語を単音節にする、という制限の元で定理とその証明が語られているのだが、日本語では、専門用語などの関係があって、まず単音節にはできない。そこで、コンパクトな表現の例として、ここでは漢文書き下し風の訳を付けてみたが、著者がコメントで単音節に関するコンウェイの逸話を紹介しているので、原文もそのまま掲載することにした。コンウェイは、ここで紹介されているように講義を単音節語だけで行っただけでなく、相手がいれば、それ以外の時にも 1 音節語だけを使った会話を楽しんでいた。実際に会話をした人物の話によると、1 音節語だけで流ちょうにやりとりをすると、まわりの人間には何を話しているのかがまったくわからなかったという。

　もう一つ、「74　英語以外のさらに別の言語による」も原著のアメリカ手話のままだが、ここで少し日本の手話の状況に触れておきたい。まず、コメントに登場する国立聾工科大学は聴覚障害者を対象とする技術系大学で、同じくアメリカにあるギャローデット大学（世界初の聾盲者を対象とする施設として 1857 年設立、1864 年に大学となる）に続く歴史（1967 年設立）があり、日本の筑波技術大学産業技術学部（1987 年設立）の姉妹校でもある。日本における数学関連の手話に関していえば、1998 年に『学習場面で使う手話』という手引きが刊行されており、さらに、手話を「言語」として普及させるための「手話言語条例」を制定する動きが 2013 年の鳥取を皮切りに全国に広がったの

と呼応するように、「ろう教育を考える全国協議会」が『学校の手話』を刊行している。この手引きには高校までの算数および数学で使われる日本語に対応する手話がまとめられているが、前書きに「地域や学校によっては本書に掲載されている手話表現と異なるところがあると思いますが、本書の手話表現は一例として紹介していますので」という断り書きがあるように、高校レベルに限っても決して標準化されているわけではない。さらに大学レベルでいえば、筑波技術大学で工学系の講義をする際には、専門用語の手話表現を決める必要が生じると、その都度受講している学生たちとともに「この専門用語はこのように表現することにしましょう」と決めながら授業を進めているという。

　著者のフィリップ・オーディングは、コロンビア大学で博士号を取得後、サラ・ローレンス大学に所属。学部では数学と 20 世紀西洋アートとの関わりに関する Mathematics and the Arts という講座を開いている。この講座では、アートとしては、画家のピート・モンドリアンと「デ・ステイル」というモダニズム運動、セリー音楽とシェーンベルク、ドイツのバウハウス、戦後フランス文学におけるウリポ、アメリカのポストモダン・ダンスなどを取り上げ、数学としては集合、論理、非ユークリッド幾何学、トポロジー、確率を取り上げているというから、この著書のきっかけもそのあたりにありそうだ。

　数学との関わりの多寡を問わず楽しむことができる、このなんとも不思議で興味深い作品をご紹介いただいた森北出版の福島崇史さんには、最初から最後までいろいろとお世話になりました。心から感謝いたします。読者のみなさんには、どうか数学のさまざまな手触りを楽しまれますように。

2020 年 11 月

冨永星

1. ガリレオ・ガリレイ、『星界の報告』。Sobel, "Galileo's Daughter: A Historical Memoir of Science, Faith and Love〔ガリレオの娘：科学、信仰、愛の歴史的な回想〕"に引用がある。

2. これは、20世紀の数学者で哲学者のジャン゠カルロ・ロタの "Indiscrete Thoughts〔連続する思考〕"という著作の一節を言い換えたものである。「6　公理的な」の後のコメントを参照されたい。

3. Le Lionnais, "Lipo: First Manifesto〔ウリポのマニフェスト〕".

4. これは、1981年にフィリップ・デイヴィスとルーベン・ハーシュが発表した素晴らしい著書、『数学的経験』の序文を言い換えたものである。今回の執筆において、ハーシュらの著作は数学を巡る執筆のスタイルの指針となって、わたしを勇気づけてくれた。

5. Pétard, "A Contribution to the Mathematical Theory of Big Game Hunting〔猛獣狩りの数学的理論への一貢献〕", pp. 446–447.

6. Calvino, "Six Memos for the Next Millennium〔次の千年紀に向けての六つの覚え書き〕", p. 43.〔ガリレオの原文は『贋金鑑識官』の第45章〕

7. 同上，p. 43.

8. 同上，p. 43.

9. マイケル・ハリスは、「数学における美的判断にとって、その貧弱な語彙が足かせになっている。言語を使用する際に、『高尚な』習慣を生み出すことがないのである」と述べ、「わたしたちは、数学における美がそのほかの分野の美とどう関係すべきかを解き明かす方向にはまったく進んでこなかった」としている。Harris, "Mathematics without Apologies: Portrait of a Problematic Vocation〔弁明なき数学：問題含みの職業の肖像〕", p. 307.

10. アメリカの数学者ウィリアム・サーストン（Thurston）は1994年に発表した "On Proof and Progress in Mathematics〔証明と数学の進展について〕"という論文で、「口調と風合い」が重要だと論じている。完全な引用は、「33　微積分学による」の後のコメントを参照されたい。

11. Artin, "Algebra〔代数学〕", p. 352. このほかのタイプの省略に関しては、「44　熟慮の末に省略された」と「99　指示による」を参照されたい。

12. Grosholz, "Representation and Productive Ambiguity in Mathematics and the Sciences〔数学と科学における表現と生産的な曖昧さ〕". 著者は序文で、「問題解決において還元的な手法がうまくいくのは、それによって表象のスタイルが消えるからではなく、それによって表象のスタイルが増え、並列されるからである。そしてその結果、わたくしが『生産的な曖昧さ』と呼ぶものが生じることが多い」と述べている。

13. トニー・ペディラはユーチューブの Numberphile〔ナンバーファイル〕のなかのあるエピソード（"The Shortest Papers Ever〔最も短かい論文〕"）で、Lander and Parkin, "Counterexample to Euler's Conjecture on Sums of Like Powers〔同じべきの和に関するオイラー予想の反例〕"という論文について論じている。

14. Herbst, "Establishing a Custom of Proving in American School Geometry: Evolution of the Two-Column Proof in the Early Twentieth Century〔アメリカの学校幾何学における証明習慣の確立：20世紀初頭の二列証明の発展〕", p. 287.

15. Ghys, "Inner Simplicity vs. Outer Simplicity〔内的簡潔さ対外的簡潔さ〕", p. 7.

16. ジョージ・ポリア、『いかにして問題を解くか』。

17. Dudley, "What Is Mathematics for?〔数学は何のためにあるのか〕", p. 613.

18. Ewald，"From Kant to Hilbert: A Source Book in the Foundations of Mathematics〔カントからヒルベルトまで：数学の基礎についての基礎資料〕", p. 1108.

19. Peano and Kennedy，"Selected Works of Giuseppe Peano〔ジュゼッペ・ペアノ著作選集〕", p. 101.

20. ちなみに、A. N. ホワイトヘッドとバートランド・ラッセルは、その著書『プリンキピア・マテマティカ（Principia Mathematica to *56)』の 345 ページ、命題 Z52.16 で 1 という数を定義している。

21. 1934 年に始まったブルバキ集団には、アンリ・カルタン、クロード・シュヴァレー、ジャン・デルサルト、ジャン・デュドネ、アンドレ・ヴェイユなどが参加していた。Senechal，"Mathematical Communities: The Continuing Silence of Bourbaki—An Interview with Pierre Cartier, June 18, 1997〔数学的な共同体——継続するブルバキの沈黙：Pierre Cartier への 1997 年 6 月 18 日のインタビュー〕"を参照されたい。

22. Bourbaki，"The Architecture of Mathematics〔数学の構築術〕", p. 231.

23. Rota，"Indiscrete Thoughts〔連続する思考〕", p. 142.

24. Cardano，"Hieronymi Cardani, Praestantissimi Mathematici, Philosophi, Ac Medici, Artis Magnae Sive De Regvlis Algebraicis Lib. unus: qui & totius operis de arithmetica, quod opus perfectum inscribitur, est in ordine decimus〔『偉大なる術』〕", p. 41. この画像は、コロンビア大学稀覯本写本図書館のご厚意による。

25. Cardano，"Ars Magna or the Rules of Algebra〔カルダーノの著書の英語版〕", p. 139.

26. 同上，p. 8.

27. これらの参考図書、アルティン（Artin）の "Algebra〔代数学〕"、ハースティン（Herstein）の "Topics in Algebra〔代数学のトピック〕"は、コロンビア大学数学大学院の将来有望な学生のためのプログラム "What PhD Graduates Are Assumed to Know〔博士課程の学生が知っているべきこと〕"のウェブページに掲載されている。

28. Conway and Shipman，"Extreme Proofs I: The Irrationality of $\sqrt{2}$〔$\sqrt{2}$ が無理数であることの極端な証明〕", p. 2.

29. Decker，"Swatting Flies with a Sledgehammer〔玄翁でハエを叩く〕".

30. Roberts，"Genius at Play: The Curious Mind of John Horton Conway〔遊ぶ天才：ジョン・ホートン・コンウェイの奇妙な精神〕", p. 286.

31. Queneau，"Letters, Numbers, Forms: Essays 1928–1970〔文字、数、形：1928–1970 エッセイ〕", p. 99. この論文は、ブルバキのマニフェストとともに、François Le Lionnais (ed.)，"Great Currents of Mathematical Thought〔数学思想の偉大な流れ〕"のなかの "The Architecture of Mathematics〔数学の構造〕"に収録されている（「6　公理的な」の後の議論を参照）。

32. Gardner，"Mathematical Games: 'Look-see' proofs that offer visual proof of complex algebraic formulas〔複雑な代数公式の視覚的な証明を与える「見ればわかる」証明〕"; Isaacs，"Two Mathematical Papers Without Words〔言葉のない二つの数学論文〕"; Nelson，"The Penguin Dictionary of Mathematics〔ペンギン数学辞典〕(Penguin Reference Library)".

33. Doyle et al.，"Proofs without Words and Beyond〔言葉のない証明とその先〕".

34. New York State Education Department，"Past Examinations〔過去の試験〕".

35. Gleason，"Angle Trisection, the Heptagon, and the Triskaidecagon〔角の三等分、七角形、十三角形〕".

36. ジョージ・ポリア、『いかにして問題を解くか』。

37. Bobzien, "Ancient Logic〔古代の論理〕". Lodder, "Deduction through the ages: A history of truth〔時代を通しての演繹：真実の歴史〕" も参照されたい。

38. 固有値の計算方法の詳細は、基本的な線形代数の教科書を見れば、必ず出ているはずだ。線形代数はわたしの学部時代の物理のコースワークに組み込まれていて、この証明は、わたしの数学的な手法の教授であるマイク・ホブソンが共著した、次の教科書に基づいている。Riley, Hobson, and Bence, "Mathematical Methods for Physics and Engineering: A Comprehensive Guide〔物理学と工学のための数理的手法：包括的ガイド〕", pp. 220–222. この証明の着想はジョセフ・マールが教えてくれた。

39. Rabouin, "Styles in Mathematical Practice〔数学実践におけるスタイル〕", p. 233.

40. Mazur, "History of Mathematics as a Tool〔ツールとしての数学の歴史〕", p. 2.

41. Høyrup, "The Babylonian Cellar Text BM 85200 + VAT 6599 Retranslation and Analysis〔バビロニアの地下室文書 BM 85200 + VAT 6599 再翻訳と分析〕" および O'Connor and Robertson, "The MacTutor History of Mathematics Archive: An Overview of Babylonian Mathematics〔マックチューター数学の歴史のアーカイブ：バビロニアの数学の概観〕" を参照されたい。

42. Høyrup, "The Babylonian Cellar Text BM 85200 + VAT 6599 Retranslation and Analysis".

43. Boute, "How to Calculate Proofs: Bridging the Cultural Divide〔どのようにして証明を計算するか：文化の淵に橋を架ける〕".

44. Lamport, "How to Write a Proof〔証明の書き方〕", p. 300.

45. たとえば、Serre, "How to Write Mathematics Badly〔数学をいかにしてまずく書くか〕" を見よ。

46. ウリポでは、このタイプの練習を「larding」とか「PALF」（production automatique de la langue Française〔自動フランス語製造〕）と呼んだ。Becker, "Many Subtle Channels: In Praise of Potential Literature〔たくさんの微妙な道筋：文学たりうる物を褒め称えて〕", p. 175. わたしの定義の基になっているのは、ウィキペディアと Nelson, "The Penguin Dictionary of Mathematics" である。

47. Rota, "Indiscrete Thoughts〔連続する思考〕", p. 146.

48. Barany and MacKenzie, "A Dusty Discipline〔ほこりっぽい学科〕", pp. 3–4. Barany and MacKenzie, "Chalk: Materials and Concepts in Mathematics Research〔チョーク：数学研究における物質と概念〕", p. 122 も見よ。「数学における業績は、表現のための控えめなテクノロジーに依拠している。そのテクノロジーは、数学理解の決定的な転機において自身を画面から完全に消し去ることができるらしい。これらの消え去りうるメディアがあればこそ、人は概念の具体的な現れではなく概念そのものを理解する、といえるのである」。

49. Jackson, "Teaching Math in America: An Exhibit at the Smithsonian〔アメリカにおける数学教育：スミソニアン博物館での展示〕".

50. Goldman, "Inside a Mathematical Proof Lies Literature, Says Stanford's Reviel Netz〔数学の証明のなかには文学が横たわっている、とスタンフォードのリヴィエル・ネッツはいう〕".

51. Goethe, "Maxims and Reflections〔箴言と省察〕", #1279.

52. van der Waerden, "Algebra〔代数学〕", §5.7.

53. Stedall, "From Cardano's Great Art to Lagrange's Reflections: Filling a Gap in the History of Algebra〔カルダーノの偉大なる書からラグランジュの内省まで：代数の歴史の隙間を埋める〕". ラグランジュ（Lagrange）とセレ（Serret）の "Oeuvres de Lagrange〔ラグランジュ著作集〕" の部分訳は、"Lagrange's Work on General Solution Formulae for Polynomial Equations〔多項方程式の解の一般公式に関するラグランジュの仕事〕" を参照。

54. Gowers, "Is Massively Collaborative Mathematics Possible?〔数学における大規模な協力は可能か〕".

55. Editorial, "Parallel Lines〔平行線〕", p. 408.

56. Ball, "Crowd-sourcing: Strength in Numbers〔クラウドソーシング：数の力〕".

57. Gowers and Nielsen, "Massively Collaborative Mathematics〔大規模な協力による数学〕", p. 880.

58. ラカトシュ・イムレほか、『数学的発見の論理——証明と論駁』。

59. Cohen, "Computer Algebra and Symbolic Computation: Mathematical Methods〔コンピュータ代数と記号計算——数理的手法〕".

60. Gilbreth and Gilbreth, "Process Charts—First Steps in Finding the One Best Way to Do Work〔プロセス・チャート：最良の一つの仕事のやり方を見つけるための第一歩〕", p. 3.

61. Sleeman, "Solving Linear Algebraic Equations〔線形代数方程式を解く〕"; Lacey, "Flow-charting Proofs〔証明をフローチャートにする〕".

62. Emch, "New Models for the Solution of Quadratic and Cubic Equations〔2次および3次方程式の解法の新しいモデル〕".

63. Sharp, "Surfaces: Explorations with Sliceforms〔曲面：スライスフォームを使った精査〕".

64. Cundy and Rollett, "Mathematical Models〔数理モデル〕", p. 197 も見よ。

65. Cardano, "Ars Magna or the Rules of Algebra〔偉大なる術、あるいは代数の規則〕", pp. 217–219.

66. ラカトシュ・イムレほか、『数学的発見の論理——証明と論駁』。

67. Thurston, "On Proof and Progress in Mathematics〔証明と数学における進展〕", pp. 163–164.

68. 同上、pp. 163–167.

69. Fibonacci, "Fibonacci's Liber Abaci: A Translation Into Modern English of Leonardo Pisano's Book of Calculation〔フィボナッチの算盤の書：ピサのレオナルドの計算書の現代英語訳〕".

70. Grant, "A Source Book in Medieval Science〔中世科学の原典〕", p. 243.

71. Brown and Brunson, "Fibonacci's Forgotten Number〔フィボナッチの忘れられた数〕".

72. Shen et al., "The Nine Chapters on the Mathematical Art: Companion and Commentary〔数学的な芸術についての九つの章：その手引きと注釈〕".

73. Ellisllk, "Oumathpo〔ウマスポ〕".

74. Duchêne and Leblanc, "Rationnel mon Q〔わが理知的な Q：65 のスタイルの練習〕".

75. You, "Who Are the Science Stars of Twitter?〔ツイッターの科学のスターは誰か〕".

76. Matthews and Brotchie, "Oulipo Compendium〔ウリポ概説〕", p. 326.

77. Oulipo, "Un Certain Disparate: Entretiens avec François Le Lionnais〔フランソワ・ル゠リヨネとのある異質なインタビュー〕".

78. archive, "Mathematics: Article Statistics for 2016〔数学：2016 年記事統計、オンライン〕".

79. Chang, "Marina Ratner, Émigré Mathematician Who Found Midlife Acclaim, Dies at 78〔中年になって喝采を浴びた亡命数学者マリーナ・ラトナー、78 歳で世を去る〕", The New York Times Science section, July 25, 2017.

80. 折り紙への公理的なアプローチと、古典的な作図との関係については、Alperin, "A Mathematical Theory of Origami Constructions and Numbers〔折り紙作図と数についての数学理論〕"を見よ。

81. Hull, "Solving Cubics with Creases: The Work of Beloch and Lill〔3 次方程式を折り目で解く：ベロとリルの業績〕".

82. Borovik, "Mathematics under the Microscope: Notes on Cognitive Aspects of Mathematical Practice〔顕微鏡の下の数学：数学実践の認識的側面についての覚え書き〕", pp. xiv–xv.

83. Cajori, "Origin of the Name 'Mathematical Induction'〔数学的帰納法という呼称の起源〕", pp. 198–199.

84. Kolata, "At Last, Shout of 'Eureka!' in Age-Old Math Mystery〔古来の数学の謎に対して、ついに「わかった！」という叫びが〕"; Robinson, "Russian Reports He Has Solved a Celebrated Math Problem〔ロシア人が有名な数学の問題を解いたと発表〕"; Chang, "A Possible Breakthrough in Explaining a Mathematical Riddle〔数学の謎を説明するうえでの大躍進の可能性〕".

85. Robbins, "This Is a News Website Article about a Scientific Paper〔これはある科学論文についての新しいウェブサイトの記事である〕".

86. Nordgaard, "Sidelights on the Cardan-Tartaglia Controversy〔カルダーノ・タルターリアの論争に脇から光を当てる〕".

87. Chevalley, "Variations du style mathématique〔さまざまな数学のスタイル〕". これは、マンコス（Mancosu）の "Mathematical style〔数学的なスタイル〕" の英訳に基づいている。

88. Academy of Motion Pictures Arts and Sciences, "Screenwriting Resources〔映画台本の手引き〕".

89. Descartes, "The Geometry of Rene Descartes〔ルネ・デカルトの幾何学〕", p. 10.

90. Khayyam, "Algebra wa Al-Muqabala: An Essay by the Uniquely Wise 'Abel Fath Omar Bin Al-Khayyam on Algebra and Equations〔アルジェブラ・ワ＝ムカバラ：唯一無二の賢きアベル・ファト・ウマル・ビン・アルハイヤームによる代数と方程式についての評論〕", p. 41.

91. コナン・ドイル、『シャーロック・ホームズの思い出』。

92. ジョン・スティルウェル、『数学のあゆみ』。

93. O'Connor and Robertson, "The MacTutor History of Mathematics Archive: François Viète〔マックチューター数学の歴史アーカイブ：François Viète〕".

94. Arana, "On the Alleged Simplicity of Impure Proof〔不純な証明のいわゆる単純さについて〕"を参照。

95. Wiedijk, "The Seventeen Provers of the World〔世界の 17 名の証明者〕".

96. Krantz, "The Proof Is in the Pudding: A Look at the Changing Nature of Mathematical Proof〔証明はプディングのなかに：数学の証明の変わりゆく性質を見る〕", pp. 199–201.

97. Zeilberger, "Dr. Z's Opinions〔Z 博士の意見〕".

98. この原注を除く証明とコメントは、ジョン・P・コルヴィスとのメールのやり取りを逐語的に再現したものである。ニューヨーク・タイムズ紙の記事とは、2002年12月15日のトンプソン（Thompson）による "The Year in Ideas: Outsider Math〔概念のなかの年：部外者の数学〕" のことで、パーコについての話は、ジョンソン（Johnson）が "Low Dimensional Topology〔低次元トポロジー〕" というブログに投稿した "Debunking Knot Theory's Favourite Urban Legend〔結び目理論のお気に入りの都市伝説、その仮面を剝ぐ〕" に登場している。

99. Byrne, "The First Six Books of the Elements of Euclid: In Which Coloured Diagrams and Symbols Are Used Instead of Letters for the Greater Ease of Learners〔ユークリッドの原論の最初の6冊。学習者がぐんと楽になるように、文字の代わりに色の付いた図と記号を用いたもの〕", p. vii.

100. リチャード・ファインマン、『困ります、ファインマンさん』。

101. Fine and Rosenberger, "The Fundamental Theorem of Algebra〔代数学の基本定理〕", pp. 134–136.

102. Pétard, "A Contribution to the Mathematical Theory of Big Game Hunting〔猛獣狩りの数学的理論への一貢献〕", p. 447.

103. Heath, "The Thirteen Books of Euclid's Elements〔ユークリッドの原論全13巻〕".

104. ラカトシュ・イムレほか、『数学的発見の論理——証明と論駁』。

105. Clay Mathematics Institute, "Euclid's Elements〔ユークリッドの原論〕".

106. Heath, "The Thirteen Books of Euclid's Elements〔ユークリッドの原論全13巻〕", p. 129.

107. Gentzen, "Untersuchungen über das logische Schließen (Investigations into Logical Inference)〔論理的推論の検討〕".

108. McFarland, "The Unstoppable TI-84 Plus: How an Outdated Calculator Still Holds a Monopoly on Classrooms〔止められないTI-84 Plus：時代遅れの計算機がなぜ今も教室を独占しているのか〕".

109. Wikipedia の "Texas Instruments Signing Key Controversy〔テキサス・インスツルメンツの署名鍵論争〕" の項目。

110. ジョージ・ポリア、『いかにして問題を解くか』。

111. U.S. Patent and Trademark Office, "United States Patent Classification Class Numbers and Titles〔米国特許分類番号と標題〕".

112. ウォルスター（Walster）とハンセン（Hansen）の特許 "Solving a Nonlinear Equation Through Intervalic Arithmetic and Term Consistency〔区間演算と項の一貫性を通じた非線形方程式の解法〕"。

113. Lill, "Résolution graphique des équations numériques de tous les degrés à une seule inconnue, et description d'un instrument inventé dans ce but〔あらゆる次数の1変数方程式の図による解法と、そのために作られた道具の記述〕".

114. ファン・デル・ヴェルデンほか、『現代代数学』。

115. Mac Lane, "Van der Waerden's Modern Algebra〔ファン・デル・ヴェルデンの『現代代数学』〕", pp. 321–322.

116. たとえばアルティン（Artin）の "Algebra〔代数学〕" をはじめとするほぼすべての抽象代数学の教科書で、代数幾何学の基本概念が紹介されている。

117. Eisenman, "From Object to Relationship II: Casa Giuliani Frigerio: Giuseppe Terragni Casa Del Fascio〔対象物から関係性へ II〕", p. 41.

118. Morrison, "Fermi Questions〔フェルミの問題〕".

119. Slupinski and Stanton, "The Special Symplectic Structure of Binary Cubics〔2元3次式の特別なシンプレクティック構造〕".

120. Thurston, "On Proof and Progress in Mathematics〔証明と数学の進展について〕", p. 166.

121. Barany, "Mathematical Research in Context〔文脈のなかでの数学研究、修士論文〕".

122. Rota, "Indiscrete Thoughts〔連続する思考〕", p. 8.

123. Lakoff and Núñez, "Where Mathematics Comes From: How the Embodied Mind Brings Mathematics into Being", pp. 37–39.〔G. レイコフ、R. ヌーニュス、『数学の認知科学』〕二重カギ括弧は原著のイタリック箇所。

124. Wilkinson, "The Perfidious Polynomial〔不誠実な多項式〕", pp. 2–3.

125. Sangwin, "Modelling the Journey from Elementary Word Problems to Mathematical Research〔初等的な文章題から数学研究までの旅をモデリングする〕", p. 1444.

126. Devlin, "The Problem with Word Problems〔文章題の問題〕".

127. Ifrah, "The Universal History of Numbers", p. 431.〔ジョルジュ・イフラー、『数字の歴史』〕

128. Samuelson, "How Deviant Can You Be?〔あなたはどれくらいずれられるか〕".

129. 「わたしはこれからわたしが述べる数学を達成した文明に対して、『イスラム』という呼称を使いたいと思う。というのも、そこはさまざまな人種、信仰の男女の故郷であるが、本質的に、『神と、その言葉の伝え手であるムハンマドのほかに神はいない』というイスラムの信仰を告白する人々によって定義されているからだ」。Berggren, "Episodes in the Mathematics of Medieval Islam〔中世イスラムの数学の逸話〕", p. viii.

130. わたしは主としてダウット・カシール（Daoud Kasir）が訳した Khayyam, "The Algebra of Omar Khayyam〔ウマル・ハイヤームの代数〕", p. 99 に基づき、さらに Khayyam, "Algebra wa Al-Muqabala: An Essay by the Uniquely Wise 'Abel Fath Omar Bin Al-Khayyam on Algebra and Equations〔Algebra wa Al-Muqabala：ウマル・ハイヤームによる代数と方程式についての論考〕" および Henderson, "Geometric Solutions of Quadratic and Cubic Equations〔2次および3次方程式の幾何学的な解法〕" に依拠した。

131. Heath, "Apollonius of Perga: Treatise on Conic Sections with Introductions Including an Essay on Earlier History on the Subject〔円錐曲線についての論考：この主題の前史についての小論を含む序とともに〕", p. 59.

132. Berggren, "Episodes in the Mathematics of Medieval Islam〔中世イスラムの数学における逸話〕", p. 124.

133. アポロニウスについての引用は、Dieudonné, "History of Algebraic Geometry〔代数幾何学の歴史〕", p. 2 を参照。

134. Rashed, "The Development of Arab Mathematics: Between Arithmetic and Algebra〔アラブの数学の発展：算術と代数の間の〕", pp. 332–349.

135. 同上、p. 338.

136. Audin, "Conseils aux auteurs de textes mathématiques〔数学文書を書く人への助言〕".

137. ファン・デル・ヴェルデンほか、『現代代数学』。

138. Tardy, "The Role of English in Scientific Communication: Lingua Franca or Tyrannosaurus Rex?〔科学共同体における英語の役割：共通言語なのか、ティラノザウルスなのか〕", p. 249.

139. Bieberbach, "Stilarten mathematischen Schaffens〔数学の様式の創造〕" と Mancosu, "Mathematical Style〔数学の様式〕" に引用されている。

140. Glaser, "A Study of Perceptions of Mathematical Signs: Implications for Teaching〔数学記号の認知に関する研究：教えることに及ぼす影響〕".

141. A. Cavendar, D. S. Otero, J. P. Bigham, R. E. Ladner, "ASL-STEM Forum: Enabling Sign Language to Grow through Online Collaboration〔ASL-STEM フォーラム：オンラインの協力を通して手話の発達を可能にする〕", p. 2075.

142. Glaser, "A Study of Perceptions of Mathematical Signs: Implications for Teaching〔数学に関する手話の認識についての研究：教授との関わり〕".

143. ニッカーソン（Nickerson）の私信。

144. 詳細については、Higgins, "Slide-Rule Solutions of Quadratic and Cubic Equations〔2 次および 3 次方程式の計算尺を使った解法〕" を参照されたい。

145. National Air and Space Museum〔国立航空宇宙博物館所蔵〕, Slide Rule, 5-Inch, Pickett N600-ES, Apollo 13.

146. Halmos, "I Want to be a Mathematician: An Automathography〔ぼくは数学者になりたい：ある自伝〕", p. 321.

147. Papakonstantinou and Tapia, "Origin and Evolution of the Secant Method in One Dimension〔1 次元における正割解法の起源と進化〕".

148. Cajori, "Historical Note on the Newton-Raphson Method of Approximation〔近似のニュートン - ラフソン法の歴史についての覚え書き〕".

149. Hurd, "A Note on Early Monte Carlo Computations and Scientific Meetings〔初期のモンテカルロ法を用いた計算と科学的な会合〕".

150. Metropolis and Ulam, "The Monte Carlo Method〔モンテカルロ法〕", p. 339.

151. Smith, "Editor's Note〔編集後記〕". Jensen, "The Laguerre-Samuelson Inequality with Extensions and Applications in Statistics and Matrix Theory〔ラゲール - サミュエルソンの不等式と、その統計および行列理論への拡張応用〕", p. 20 に登場している。

152. Regazzini, "Probability and Statistics in Italy During the First World War I. Cantelli and the Laws of Large Numbers〔第 1 次大戦中のイタリアにおける確率と統計：カンテリと大数の法則〕. オンラインの "The MacTutor History of Mathematics Archive: Francesco Paolo Cantelli〔マックチューター数学の歴史アーカイブ：Francesco Paolo Cantelli〕" でオコナー（O'Connor）およびロバートソン（Robertson）が引用。

153. Brouwer and Dalen, "Brouwer's Cambridge Lectures on Intuitionism〔ブラウワーのケンブリッジにおける直観主義についての講義〕".

154. Heyting, "Intuitionism: An Introduction〔直観主義：入門〕", p. 8.

155. Iemhoff, "Intuitionism in the Philosophy of Mathematics〔数理哲学における直観主義〕" を見よ。

156. Sobel, "Galileo's Daughter: A Historical Memoir of Science, Faith and Love〔ガリレオの娘：科学、信仰と愛の歴史的回想〕", p. 39 および Brown, "Galileo's Anagrams and the Moons of Mars〔ガリレオのアナグラムと火星の月〕".

157. Huygens，"De Saturni Luna Observatio Nova〔新しく観察された土星の月〕".

158. Fauvel and Gray，"The History of Mathematics: A Reader〔数学の歴史：読み物〕", p. 407.

159. Archimedes，"The Works of Archimedes: Volume 2, On Spirals: Translation and Commentary〔アルキメデスの仕事：第2巻、らせんについて：翻訳と注釈〕", p. 28.

160. Grattan-Guinness，"The Norton History of the Mathematical Sciences: The Rainbow of Mathematics〔ノートンの数理科学の歴史：数学の虹〕", p. 106.

161. Tartaglia，"Quesiti et inventioni diverse〔問題と、さまざまな発明〕", p. 120.

162. Gutman，"Quando Che'l Cubo〔立方と……〕".

163. Fadiman，"Fantasia Mathematica〔数学ファンタジー〕", p. 268.

164. Beziau, Chakraborty, and Dutta，"New Directions in Paraconsistent Logic〔パラコンシステント論理への新しい方向〕", p. 64.

165. セドリック・ヴィラーニ、『定理が生まれる』。

166. Campbell-Kelly，"The History of Mathematical Tables: From Sumer to Spreadsheets〔数表の歴史：シュメールからスプレッドシートまで〕", p. 27.

167. Nogrady，"A New Method for the Solution of Cubic Equations〔3次方程式の新しい解き方〕".

168. Salzer, Richards, and Arsham，"Table for the Solution of Cubic Equations〔3次方程式を解くための表〕".

169. Lamb，"Two-Hundred-Terabyte Maths Proof is Largest Ever〔これまでで最大の、200テラバイトの数学の証明〕".

170. Grattan-Guinness，"The Search for Mathematical Roots, 1870–1940: Logics, Set Theories and the Foundations of Mathematics from Cantor through Russell to Godel〔数学の根源を求めて、1870–1940：カントールからラッセルを経てゲーデルまでの論理学、集合論、数学の基礎〕", p. 208 は、オンラインの数学質問サイト Mathematics Stack Exchange に引用されている。

171. Queneau，"Les Fondements de la littérature: d'après David Hilbert〔文学の基礎：ダーフィト・ヒルベルトに倣って〕"；Hilbert, Bernays, Unger，"The Foundations of Geometry〔幾何学基礎論〕".

172. Heath，"The Method of Archimedes〔アルキメデスの『方法』〕".

173. Gowers，"Discovering a Formula for the Cubic〔3次の公式の発見〕".

174. Cullen (trans.)，"Astronomy and Mathematics in Ancient China: The 'Zhou Bi Suan Jing'〔古代中国における天文学と数学「周髀算経」〕", p. 174.

175. Linderholm，"Mathematics Made Difficult〔難しくされた数学〕", p. 10.

176. ゲーリー・ズーカフ、『踊る物理学者たち』。

177. ジョージ・ポリア、『いかにして問題をとくか』。

178. 同上，p. vii.

179. Cardano，"Ars Magna or the Rules of Algebra〔偉大なる術、あるいは代数の規則〕", p. 243.

180. 同上，pp. 246–247.

181. たとえば Littlewood and Bollobás，"Littlewood's Miscellany〔リトルウッドの雑録〕", p. 196 と、ジョージ・ポリア、『いかにして問題をとくか』を参照。

182. Rawles，"Sacred Geometry Introductory Tutorial〔聖なる幾何学：入門的なチュートリアル〕".

原注

183. Galileo Galilei, "Discoveries and Opinions of Galileo 〔ガリレオの発見と意見〕", p. 238.

184. Woodward, Mathoverflow〔主に数学者を対象とする質問サイトへの投稿〕.

185. Thompson, "Author vs. Referee: A Case History for Middle Level Mathematicians〔著者対査読者：中程度の数学者の事例〕".

186. Boas, "Can We Make Mathematics Intelligible?〔わたしたちは数学をわかりやすくできるのか〕", p. 728.

187. Mermin, "E Pluribus Boojum: The Physicist as Neologist〔E Pluribus Boojum：新語使用者としての物理学者〕".

188. Kalman, "Uncommon Mathematical Excursions: Polynomia and Related Realms〔普通でない数学的脱線：多項式とそれに関連する領域〕"; Kalman and Burke, "Solving Cubic Equations with Curly Roots〔曲がったルートで3次方程式を解く〕".

189. Serre, "How to Write Mathematics Badly〔数学を下手に書く方法〕".

190. Kalman, "Uncommon Mathematical Excursions: Polynomia and Related Realms〔普通でない数学的脱線：多項式とそれに関連する領域〕", p. 78.

191. Nathanson, "Desperately Seeking Mathematical Truth〔死に物狂いで数学的真理を求めて〕", p. 773 には、次のように述べられている。「多くの（わたしはほとんどだと思っている）査読雑誌が、査読されていない。論文を見て、序文と結果についての申し立てを読んで、証明をちらっと見て、もしすべてが大丈夫そうなら、出版を勧めるはずの査読者が存在するということになる。なかには証明を1行ずつ確認していく査読者もいるが、多くの査読者はそんなことはしない。わたしはよく、間違いを見つける。それを直せるかどうかは、この際関係ない。その文献は信用できないのである」。

192. ジャン＝カルロ・ロタのところの院生の回想では、この現象の起源となった次のような逸話が紹介されている。「〔ウィリアム・〕フェラーは、歴然とした間違いの指摘によって自分の講義が中断されると、不機嫌になる。顔を真っ赤にして声を張り上げ、どなり始めることも多かった。時には指摘した人物に教室を去るよう求めたともいわれている。「脅しによる証明」という言葉は、フェラーの講義の後で（マーク・カッツが）作った言葉だった。フェラーの講義は、聞き手を何か驚くべき秘密に内々で関わっているような気にさせる。ところがその秘密は、その時間が終わって教室から出ると、魔法のように消えてしまう場合が多い。多くの偉大な教師がそうであったように、フェラーには少しばかり詐欺師の気があった」。Rota, "Indiscrete Thoughts〔連続する思考〕", pp. 8–9.

193. たとえば、セドリック・ヴィラーニ、『定理が生まれる』。

194. O'Connor and Robertson, "The MacTutor History of Mathematics Archive: Leonhard Euler〔マックチューター数学の歴史アーカイブ：Leonhard Euler〕".

195. たとえば、Halliday, Walker, and Resnick, "Fundamentals of Physics Extended〔拡張された物理学の基礎〕".

196. アンリ・ポアンカレ、『科学の価値』。

197. Abraham, "Mathematics and the Psychedelic Revolution: Recollections of the Impact of the Psychedelic Revolution on the History of Mathematics and My Personal Story〔数学とサイケデリック革命：サイケデリック革命が数学史とわたしの個人史に及ぼした影響を振り返る〕".

198. アンフェタミンはポール・エルデシュの生活習慣の一部だった。「ベンゼドリン〔アンフェタミンの商品名〕かリタリンを 10 から 20 ミリグラムに、強いエスプレッソ、そしてカフェインの錠剤」。ポール・ホフマン、『放浪の天才数学者エルデシュ』。

199. Littlewood and Bollobás, "Littlewood's Miscellany〔リトルウッド雑録〕", p. 200.

200. ルイス・キャロル、『不思議の国のアリス』。

201. マーティン・ガードナー、ルイス・キャロル、『詳注アリス：完全決定版』。

202. Ashbery, "Notes from the Air〔空からの調べ〕", p. 16.

Abraham, Ralph. "Mathematics and the Psychedelic Revolution: Recollections of the Impact of the Psychedelic Revolution on the History of Mathematics and My Personal Story." *MAPS Bull.* 18, no. 1 (2008): 8–10.

Alperin, Roger C. "A Mathematical Theory of Origami Constructions and Numbers." *New York Journal of Mathematics* 6 (2000): 119–133.

Arana, Andrew. "On the Alleged Simplicity of Impure Proof." In *Simplicity: Ideals of Practice in Mathematics and the Arts*, edited by Roman Kossak and Philip Ording, 205–226. New York: Springer, 2017.

Archimedes. *The Works of Archimedes: Volume 2, On Spirals*. Translated with commentary by Reviel Netz. Cambridge, UK: Cambridge University Press, 2017.

archive, arXiv.org e-Print. *Mathematics: Article Statistics for 2016.* https://arxiv.org/year/math/16, 2017. Accessed July 28, 2017.

Artin, Michael. *Algebra*. New York: Prentice Hall, 1991.

Ashbery, John. *Notes from the Air*. New York: HarperCollins, 2007.

Audin, Michèle. Conseils aux auteurs de textes mathématiques, October 1997. http://irma.math.unistra .fr/~maudin/newhowto.ps. Accessed June 14, 2018.

Ball, Philip. "Crowd-sourcing: Strength in Numbers." *Nature* 506 (February 2014): 422–423.

Barany, Michael J. "Mathematical Research in Context." Master's thesis, University of Edinburgh, Edinburgh, 2010.

Barany, Michael J., and Donald MacKenzie. "Chalk: Materials and Concepts in Mathematics Research." *Representation in Scientific Practice Revisited* (2014): 107–130.

———. "A Dusty Discipline." In *The Best Writing on Mathematics 2015*, edited by Mircea Pitici, 1–6. Princeton, NJ: Princeton University Press, 2016.

Becker, Daniel Levin. *Many Subtle Channels: In Praise of Potential Literature*. Boston: Harvard University Press, 2012.

Berggren, John Lennart. *Episodes in the Mathematics of Medieval Islam*. New York: Springer, 1986.

Beziau, Jean-Yves, Mihir Chakraborty, and Soma Dutta. *New Directions in Paraconsistent Logic*. New Delhi: Springer, 2014.

Bieberbach, Ludwig. "Stilarten mathematischen Schaffens." *Sitzungsbericht der preußischen Akademie der Wissenschaften* (1934): 351–360.

Boas, Ralph P. "Can We Make Mathematics Intelligible?" *The American Mathematical Monthly* 88, no. 10 (December 1981): 727–731.

Bobzien, Susanne. "Ancient Logic." In *The Stanford Encyclopedia of Philosophy*, Spring 2014, edited by Edward N. Zalta. https://platc.stanford.edu/archives/spr2014/entries/logic-ancient/.

Borovik, Alexandre. *Mathematics under the Microscope: Notes on Cognitive Aspects of Mathematical Practice*. Providence, RI: The American Mathematical Society, 2010.

Bourbaki, Nicholas. "The Architecture of Mathematics." Translated by Arnold Dresden. *The American Mathematical Monthly* 57, no. 4 (April 1950): 221–232.

Boute, Raymond T. "How to Calculate Proofs: Bridging the Cultural Divide." *Notices of the AMS* 60, no. 2 (2013).

Brouwer, Luitzen Egbertus Jan, and Dirk van Dalen. *Brouwer's Cambridge Lectures on Intuitionism*. Cambridge, UK: Cambridge University Press, 2011.

Brown, Ezra, and Jason C. Brunson. "Fibonacci's Forgotten Number." *The College Mathematics Journal* 39, no. 2 (2008) 112–120.

Brown, Kevin S. *Galileo's Anagrams and the Moons of Mars*. http://www.mathpages.com/home/kmath 151/kmath151.htm. Accessed February 16, 2016.

Byrne, Oliver. *The First Six Books of the Elements of Euclid: In Which Coloured Diagrams and Symbols Are Used Instead of Letters for the Greater Ease of Learners*. London: William Pickering, 1847.

Cajori, Florian. "Historical Note on the Newton-Raphson Method of Approximation." *The American Mathematical Monthly* 18, no. 2 (1911): 29–32.

———. "Origin of the Name 'Mathematical Induction.'" *The American Mathematical Monthly* 25, no. 5 (1918): 197–201.

Calvino, Italo. *Six Memos for the Next Millennium.* Translated by Geoffrey Brock. Boston: Mariner Books, 1988.

Campbell-Kelly, Martin. *The History of Mathematical Tables: From Sumer to Spreadsheets.* Oxford: Oxford University Press, 2003.

Cardano, Girolamo. *Ars Magna or the Rules of Algebra.* Translated by T. Richard Witmer. Mineola, NY: Dover Publications, Inc., 1968.

———. *Hieronymi Cardani, Praestantissimi Mathematici, Philosophi, Ac Medici, Artis Magnae Sive De Regulis Algebraicis Lib. unus: qui & totius operis de arithmetica, quod opus perfectum inscribitur, est in ordine decimus.* SMITH 512 1545 C17. Norimbergae: Petreius, 1545.

Carroll, Lewis. *Alice in Wonderland (Norton Critical Editions).* New York: W.W. Norton & Company, 2013.

Carroll, Lewis, and Martin Gardner. *The Annotated Alice: The Definitive Edition.* London: Penguin, 2001.

Cavendar, Anna, Daniel S. Otero, Jeffrey P. Bigham, and Richard E. Ladner. "ASL-STEM Forum: Enabling Sign Language to Grow through Online Collaboration." In *Proceedings of 28th ACM CHI 2010 Conference on Human Factors in Computing Systems* (2010): 2075–2078. http://doi.acm.org/10.1145/1753326.1753642.

Chang, Kenneth. "A Possible Breakthrough in Explaining a Mathematical Riddle." *The New York Times*, September 2012.

———. "Marina Ratner, Émigré Mathematician Who Found Midlife Acclaim, Dies at 78." *The New York Times*, July 2017.

Chevalley, Claude. "Variations du style mathématique." *Revue de Métaphysique et de Morale* (1935): 375–384.

Clay Mathematics Institute. *Euclid's Elements.* http://www.claymath.org/euclids-elements. Accessed February 23, 2016.

Cohen, Joel S. *Computer Algebra and Symbolic Computation: Mathematical Methods.* Natick, MA: A K Peters, 2003.

Columbia University, Department of Mathematics. *What PhD Graduates are Assumed to Know.* http://www.math.columbia.edu/programs-math/graduate-program/what-graduate-students-are-assumed-to-know/. Accessed July 27, 2016.

Conway, John H., and Joseph Shipman. "Extreme Proofs I: The Irrationality of $\sqrt{2}$." In *The Best Writing on Mathematics 2014*, edited by Mircea Pitici, 216–227. Princeton, NJ: Princeton University Press, 2015.

Cullen, Christopher. *Astronomy and Mathematics in Ancient China: The 'Zhou Bi Suan Jing.'* Needham Research Institute Studies, Vol. 1. Cambridge University Press, 2006.

Cundy, Henry Martyn, and Arthur Percy Rollett. *Mathematical Models.* 3rd ed. St. Albans, UK: Tarquin, 1981.

Davis, Philip J., and Reuben Hersh. *The Mathematical Experience.* Boston: Birkhäuser, 1981.

Decker, Rick. *Swatting flies with a sledgehammer.* July 19, 2012. https://math.stackexchange.com/questions/172509/swatting-flies-with-a-sledgehammer. Accessed March 14, 2018.

Descartes, René. *The Geometry of Rene Descartes.* Translated by David Eugene Smith and Marcia L. Latham. Chicago: Open Court, 1925.

Devlin, Keith. The Problem with Word Problems. May 2010. https://www.maa.org/external_archive/devlin/devlin_05_10.html. Accessed July 19, 2017.

Dieudonné, Jean. *History of Algebraic Geometry.* Translated by Judith D. Sally. Monterey, Calif.: Wadsworth, 1985.

Doyle, Arthur Conan. *The Memoirs of Sherlock Holmes.* Mineola, NY: Dover, 2010.

Doyle, Tim, Lauren Kitler, Robin Miller, and Albert Schueller. *Proofs without Words and Beyond.* August 2014. http://www.maa.org/publications/periodicals/convergence/proofs-without-words-and-beyond. Accessed June 16, 2017.

Duchêne, Ludmila, and Agnès Leblanc. *Rationnel mon Q.* Paris: Hermann, 2010.

Dudley, Underwood. "What Is Mathematics for?" *Notices of the AMS* 57, no. 5 (May 2010): 608–613.

Editorial. "Parallel Lines." *Nature* 506, no. 7489 (2014): 407–408.

Eisenman, Peter. "From Object to Relationship II: Casa Giuliani Frigerio: Giuseppe Terragni Casa Del Fascio." *Perspecta* 13/14 (1971): 36–65.

Ellisllk. Oumathpo. http://ellisllk.lautre.net/mathematique/oumathpo/oumathpo.html. Accessed July 27, 2017.

Emch, Arnold. "New Models for the Solution of Quadratic and Cubic Equations." *National Mathematics Magazine* 9, no. 6 (1935): 162–164.

Ewald, William Bragg. *From Kant to Hilbert: A Source Book in the Foundations of Mathematics.* Vol. 2. Oxford: Oxford University Press, 1996.

Fadiman, Clifton. *Fantasia Mathematica.* New York: Simon & Schuster, 1958.

Fauvel, John, and Jeremy Gray. *The History of Mathematics: A Reader.* Basingstoke, UK: Palgrave Macmillan Education, 1987.

Feynman, Richard. *What Do You Care What Other People Think?* New York: Norton, 1988.

Fibonacci, Leonardo. *Fibonacci's Liber Abaci: A Translation Into Modern English of Leonardo Pisano's Book of Calculation.* Translated by Laurence Sigler. New York: Springer-Verlag, 2003.

Fine, Benjamin, and Gerhard Rosenberger. *The Fundamental Theorem of Algebra.* New York: Springer-Verlag, 1997.

Frame, J. Sutherland. "Machines for Solving Algebraic Equations." *Mathematics of Computation* 1, no. 9 (1945): 337–353.

Galileo Galilei. *Discoveries and Opinions of Galileo.* Translated by Stillman Drake. New York: Anchor Books, 1957.

———. *Sidereus Nuncius, or The Sidereal Messenger,* 2nd ed. Translated with commentary by Albert Van Helden. Chicago: University of Chicago Press, 2015.

Gardner, Martin. "Mathematical Games: 'Look-see' proofs that offer visual proof of complex algebraic formulas." *Scientific American* 229, no. 4 (October 1973): 114–118.

Gentzen, Gerhard. "Untersuchungen über das logische Schließen (Investigations into Logical Inference)." *Mathematische Zeitschrift* 39, no. 1 (1935): 176–210.

Ghys, Étienne. "Inner Simplicity vs. Outer Simplicity." In *Simplicity: Ideals of Practice in Mathematics and the Arts,* edited by Roman Kossak and Philip Ording, 1–14. New York: Springer, 2017.

Gilbreth, Frank Bunker, and Lillian Moller Gilbreth. "Process Charts—First Steps in Finding the One Best Way to Do Work." New York: American Society of Mechanical Engineers (ASME), 1921.

Glaser, Paul Lee. "A Study of Perceptions of Mathematical Signs: Implications for Teaching." Master's thesis, National Institute for the Deaf, Rochester Institute of Technology, 2005.

Gleason, Andrew. "Angle Trisection, the Heptagon, and the Triskaidecagon." *The American Mathematical Monthly* 95, no. 3 (March 1988): 185–194.

Goethe, Johann Wolfgang von. *Maxims and Reflections.* Translated by Elisabeth Stopp. London: Penguin, 1998.

Goldman, Corrie. Inside a mathematical proof lies literature, says Stanford's Reviel Netz. May 7, 2012. http://news.stanford.edu/news/2012/may/math-literature-netz-050712.html. Accessed February 17, 2018.

Gowers, Timothy. *Discovering a Formula for the Cubic.* 2007. https://gowers.wordpress.com/2007/09/15/discovering-a-formula-for-the-cubic/. Accessed June 1, 2016.

———. *Is Massively Collaborative Mathematics Possible?* 2009. https://gowers.wordpress.com/2009/01/27/is-massively-collaborative-mathematics-possible/. Accessed February 19, 2016.

Gowers, Timothy, and Michael Nielsen. "Massively Collaborative Mathematics." *Nature* 461, no. 7266 (2009): 879–881.

Grant, Edward. *A Source Book in Medieval Science.* Cambridge, MA: Harvard University Press, 1974.

Grattan-Guinness, Ivor. *The Norton History of the Mathematical Sciences: The Rainbow of Mathematics.* London: WW Norton & Company, 1997.

———. *The Search for Mathematical Roots, 1870–1940: Logics, Set Theories and the Foundations of Mathematics from Cantor through Russell to Godel.* Princeton, NJ: Princeton University Press, 2011.

Grosholz, Emily R. *Representation and Productive Ambiguity in Mathematics and the Sciences.* Oxford: Oxford University Press, 2007.

Gutman, Kellie O. "Quando Che'l Cubo." *The Mathematical Intelligencer* 27, no. 1 (2005): 32–36.

Halliday, David, Jearl Walker, and Robert Resnick. *Fundamentals of Physics Extended*, 5th ed. New York: John Wiley & Sons, 1997.

Halmos, Paul Richard. *I Want to Be a Mathematician: An Automathography.* New York: Springer-Verlag, 1985.

Haran, Brady. *The Shortest Papers Ever: Numberphile.* December 2016. https://www.youtube.com/watch?v=QvvkJT8myeI. Accessed February 3, 2018.

Harris, Michael. *Mathematics without Apologies: Portrait of a Problematic Vocation.* Princeton, NJ: Princeton University Press, 2015.

Heath, Thomas Little. *The Method of Archimedes.* Cambridge, UK: Cambridge University Press, 1912.

Heath, Thomas Little, et al. *Apollonius of Perga: Treatise on Conic Sections with Introductions Including an Essay on Earlier History on the Subject.* Cambridge, UK: Cambridge University Press, 1896.

———. *The Thirteen Books of Euclid's Elements.* Cambridge, UK: Cambridge University Press, 1926.

Henderson, David W. *Geometric Solutions of Quadratic and Cubic Equations.* http://www.math.cornell.edu/~dwh/papers/geomsolu/geomsolu.html. Accessed August 8, 2017.

Herbst, Patricio G. "Establishing a Custom of Proving in American School Geometry: Evolution of the Two-Column Proof in the Early Twentieth Century." *Educational Studies in Mathematics* 49, no. 3 (2002): 283–312.

Herstein, Israel N. *Topics in Algebra*, 2nd ed. New York: John Wiley & Sons, 1975.

Heyting, Arend. *Intuitionism: An Introduction.* Amsterdam: North-Holland, 1956.

Higgins, T. J. "Slide-Rule Solutions of Quadratic and Cubic Equations." *The American Mathematical Monthly* 44, no. 10 (1937): 646–647.

Hilbert, David, Paul Bernays, and Leo Unger. *The Foundations of Geometry.* La Salle, IL: Open Court, 1992.

Hoffman, Paul. *The Man Who Loved Only Numbers: The Story of Paul Erdős and the Search for Mathematical Truth.* New York: Hyperion, 1998.

Høyrup, Jens. "The Babylonian Cellar Text BM 85200 + VAT 6599 Retranslation and Analysis." In *Amphora: Geburtstag Festschrift for Hans Wussing on the Occasion of His 65th Birthday*, edited by Sergei S. Demidov, Menso Folkerts, David E. Rowe, and Christoph J. Scriba, 315–358. Basel: Birkhäuser, 1992.

Hull, Thomas C. "Solving Cubics with Creases: The Work of Beloch and Lill." *The American Mathematical Monthly* 118, no. 4 (2011): 307–315.

Hurd, Cuthbert C. "A Note on Early Monte Carlo Computations and Scientific Meetings." *IEEE Annals of the History of Computing*, no. 2 (1985): 141–155.

Huygens, Christiaan. "De Saturni Luna Observatio Nova." *Oeuvres Completes de Christiaan Huygens* 15 (1656), 172–177. La Haye: M. Nijhoff, 1925.

Iemhoff, Rosalie. "Intuitionism in the Philosophy of Mathematics." In *The Stanford Encyclopedia of Philosophy*, Winter 2016, edited by Edward N. Zalta. Metaphysics Research Lab, Stanford University. https://plato.stanford.edu/entries/intuitionism.

Ifrah, Georges. *The Universal History of Numbers*. Translated by David Bellos, E. F. Harding, Sophie Wood, and Ian Monk. New York: John Wiley & Sons, 2000.

Isaacs, Rufus. "Two Mathematical Papers Without Words." *Mathematics Magazine* 48, no. 4 (September 1975): 198.

Jackson, Allyn. "Teaching Math in America: An Exhibit at the Smithsonian." *Notices of the AMS* 49, no. 9 (October 2002): 1082–1083.

Jensen, Shane Tyler. "The Laguerre-Samuelson Inequality with Extensions and Applications in Statistics and Matrix Theory." M. Sc., Department of Mathematics and Statistics, McGill University, 1999.

Johnson, Jesse. *Debunking Knot Theory's Favourite Urban Legend*. November 7, 2013. https://ldtopology .wordpress.com/2013/11/07/debunking-knot-theorys-favourite-urban-legend/. Accessed January 12, 2018.

Kalman, Dan. *Uncommon Mathematical Excursions: Polynomia and Related Realms*. Dolciani Mathematical Expositions 35. Washington D.C.: Mathematical Association of America, 2009.

Kalman, Dan, and Maurice Burke. "Solving Cubic Equations with Curly Roots." *Mathematics Teacher* 108, no. 5 (2015): 392–397.

Khayyam, Omar. *Algebra wa Al-Muqabala: An Essay by the Uniquely Wise 'Abel Fath Omar Bin Al-Khayyam on Algebra and Equations*. Translated by Roshdi Khalil. Reading, UK: Garnet Publishing, 2008.

Khayyam, Omar. *The Algebra of Omar Khayyam*. Translated by Daoud S. Kasir. New York: Columbia Teachers College, 1931.

Kolata, Gina. "At Last, Shout of 'Eureka!' in Age-Old Math Mystery." *The New York Times*, June 24, 1993.

Krantz, Steven G. *The Proof Is in the Pudding: A Look at the Changing Nature of Mathematical Proof*. New York: Springer, 2007.

Lacey, Laurie L. Flowcharting Proofs. http://www.maa.org/programs/faculty-and-departments/curriculum -department-guidelines-recommendations/teaching-and-learning/flowcharting-proofs. Accessed April 11, 2016.

Lagrange, Joseph-Louis de, and Joseph-Alfred Serret. *Oeuvres de Lagrange*. Paris: Gauthier-Villars, 1870.

Lakatos, Imre, John Worrall, and Elie Zahar, eds. *Proofs and Refutations: The Logic of Mathematical Discovery*. Cambridge, UK: Cambridge University Press, 1976.

Lakoff, George, and Rafael Núñez. *Where Mathematics Comes From: How the Embodied Mind Brings Mathematics into Being*. New York: Basic Books, 2000.

Lamb, Evelyn. "Two-Hundred-Terabyte Maths Proof is Largest Ever." *Nature* 534 (2016): 17–18.

Lamport, Leslie. "How to Write a Proof." *The American Mathematical Monthly* 102, no. 7 (1995): 600–608.

Lander, Leon J., and Thomas R. Parkin. "Counterexample to Euler's Conjecture on Sums of Like Powers." *Bulletin of the American Mathematical Society* 72, no. 6 (1966): 1079.

Le Lionnais, François. "Lipo: First Manifesto." In *Oulipo: A Primer of Potential Literature*, edited by Warren Motte, 26–28. Champaign, IL: Dalkey Archive Press, 1986.

Lill, Eduard. "Résolution graphique des équations numériques de tous les degrés à une seule inconnue, et description d'un instrument inventé dans ce but." *Nouvelles annales de mathématiques, journal des candidats aux écoles polytechnique et normale* 6 (1867): 359–362.

Linderholm, Carl E. *Mathematics Made Difficult*. London: Wolfe, 1971.

Littlewood, John Edensor, and Béla Bollobás. *Littlewood's Miscellany*. Cambridge, UK: Cambridge University Press, 1986.

Lodder, Jerry. *Deduction through the Ages: A History of Truth*. https://www.maa.org/press/periodicals/ convergence/deduction-through-the-ages-a-history-of-truth. Accessed August 8, 2017.

Mac Lane, Saunders. "Van der Waerden's Modern Algebra." *Notices of the AMS* 44, no. 3 (March 1997): 321–322.

参考文献

Mancosu, Paolo. Mathematical style. 2010. https://plato.stanford.edu/archives/spr2010/entries/mathematical-style/. Edward N. Zalta (ed.). Accessed August 8, 2017.

Matthews, Harry, and Alastair Brotchie, eds. *Oulipo Compendium*. London: Atlas Press, 1998.

Mazur, Barry. "*History of Mathematics* as a Tool." 2013. http://www.math.harvard.edu/~mazur/papers/History.tool.pdf. Accessed August 3, 2017.

McFarland, Matt. "The Unstoppable TI-84 Plus: How an Outdated Calculator Still Holds a Monopoly on Classrooms." *The Washington Post*. September 2, 2014.

Mermin, N. David. "E Pluribus Boojum: The Physicist as Neologist." *Physics Today* 34, no. 4 (1981): 46.

Metropolis, Nicholas, and Stanislaw Ulam. "The Monte Carlo Method." *Journal of the American Statistical Association* 44, no. 247 (1949): 335–341.

Mixedmath. *Mathematics Stack Exchange*. 2011. http://math.stackexchange.com/questions/56603/provenance-of-hilbert-quote-on-table-chair-beer-mug. Accessed February 3, 2018.

Morrison, Philip. "Fermi Questions." *American Journal of Physics* 31, no. 8 (1963): 626–627.

Motion Picture Arts and Sciences, Academy of. *Screenwriting Resources*. 2017. http://www.oscars.org/nicholl/screenwriting-resources. Accessed July 25, 2017.

Nathanson, Melvyn B. "Desperately Seeking Mathematical Truth." *Notices of the AMS* 55, no. 7 (2008): 773.

National Air and Space Museum. *Slide Rule, 5-Inch, Pickett N600-ES, Apollo 13*. https://airandspace.si.edu/collection-objects/slide-rule-5-inch-pickett-n600-es-apollo-13. Accessed November 3, 2017.

Nelson, David, ed. *The Penguin Dictionary of Mathematics*, 4th ed. London: Penguin, 2008.

New York State Education Department, Office of State Assessment. *Past Examinations*. http://www.nysedregents.org. Accessed April 20, 2015.

Ng, Tuen Wai. *Lagrange's Work on General Solution Formulae for Polynomial Equations*. http://hkumath.hku.hk/course/MATH2001/MATH2001(2012lecture3334).pdf, 2012. Accessed January 28, 2017.

Nickerson, James. Private correspondence, October, 2015.

Nogrady, Henry A. "A New Method for the Solution of Cubic Equations." *The American Mathematical Monthly* 44, no. 1 (1937): 36–38.

Nordgaard, Martin A. "Sidelights on the Cardan-Tartaglia Controversy." *National Mathematics Magazine* 12, no. 7 (1938): 327–346.

O'Connor, John J., and Edmund F. Robertson. *The MacTutor History of Mathematics Archive: An Overview of Babylonian Mathematics*. 2000. http://www-history.mcs.st-andrews.ac.uk/HistTopics/Babylonian_mathematics.html. Accessed September 18, 2017.

———. *The MacTutor History of Mathematics Archive: Francesco Paolo Cantelli*. 2007. http://www-history.mcs.st-andrews.ac.uk/Biographies/Cantelli.html. Accessed November 12, 2016.

———. *The MacTutor History of Mathematics Archive: François Viète*. 2000. http://www-history.mcs.st-andrews.ac.uk/Biographies/Viete.html. Accessed October 9, 2015.

———. *The MacTutor History of Mathematics Archive: Leonhard Euler*. http://www-history.mcs.st-andrews.ac.uk/Biographies/Euler.html. Accessed July 9, 2017.

Oulipo. *Un Certain Disparate: Entretiens avec François Le Lionnais*. October 10, 2010. http://blogs.oulipo.net/fll/. Accessed May 6, 2017.

Papakonstantinou, Joanna M., and Richard A. Tapia. "Origin and Evolution of the Secant Method in One Dimension." *The American Mathematical Monthly* 120, no. 6 (2013): 500–518.

Patent and Trademark Office, United States. *United States Patent Classification Class Numbers and Titles*. https://www.uspto.gov/web/patents/classification/selectnumwithtitle.htm. Accessed November 23, 2016.

Peano, Giuseppe, and Hubert C. Kennedy. *Selected Works of Giuseppe Peano*. Toronto: University of Toronto Press, 1973.

Pétard, H. "A Contribution to the Mathematical Theory of Big Game Hunting." *The American Mathematical Monthly* 45, no. 7 (August 1938): 446–447.

Poincaré, Henri. *The Value of Science: Essential Writings of Henri Poincaré*. New York: Modern Library, 2001.

Pólya, Georg. *How to Solve It: A New Aspect of Mathematical Method*. Princeton, NJ: Princeton University Press, 1945.

Queneau, Raymond. *Les Fondements de la littérature: d'après David Hilbert*. Vol. 3. Paris: La Bibliothèque oulipienne, 1976.

———. "The Place of Mathematics in the Classification of the Sciences." In *Letters, Numbers, Forms: Essays 1928–1970*. Translated by Jordan Stump. Urbana, IL: University of Illinois Press, 2007.

Rabouin, David. "Styles in Mathematical Practice." In *Cultures Without Culturalism: The Making of Scientific Knowledge*, edited by Karine Chemla and Evelyn Fox Keller. Durham, NC: Duke University Press, 2017.

Rashed, Roshdi. *The Development of Arab Mathematics: Between Arithmetic and Algebra*. Translated by A. F. W. Armstrong. Dordrecht: Springer Science & Business Media, 1994.

Rawles, Bruce. *Sacred Geometry Introductory Tutorial*. 2017. https://www.geometrycode.com/sacred-geometry/. Accessed July 31, 2017.

Regazzini, Eugenio. "Probability and Statistics in Italy During the First World War I. Cantelli and the Laws of Large Numbers." *J. Électron. Hist. Probab. Stat.* 1 (2005): 1–12.

Riley, Kenneth Franklin, Michael Paul Hobson, and Stephen John Bence. *Mathematical Methods for Physics and Engineering: A Comprehensive Guide*. Cambridge, UK: Cambridge University Press, 1998.

Robbins, Martin. *This Is a News Website Article about a Scientific Paper*. 2010. https://www.theguardian.com/science/the-lay-scientist/2010/sep/24/1. Accessed May 6, 2015.

Roberts, Siobhan. *Genius at Play: The Curious Mind of John Horton Conway*. New York: Bloomsbury Publishing USA, 2015.

Robinson, Sara. "Russian Reports He Has Solved a Celebrated Math Problem." *The New York Times*. April 15, 2003.

Rota, Gian-Carlo. *Indiscrete Thoughts*. Boston: Birkhäuser Boston, 2008.

Salzer, Herbert E., Charles H. Richards, and Isabelle Arsham. *Table for the Solution of Cubic Equations*. New York: McGraw-Hill, 1958.

Samuelson, Paul A. "How Deviant Can You Be?" *Journal of the American Statistical Association* 63, no. 324 (1968): 1522–1525.

Sangwin, Chris. J. "Modelling the Journey from Elementary Word Problems to Mathematical Research." *Notices of the AMS* 58, no. 10 (November 2011): 1436–1445.

Senechal, Marjorie. "Mathematical Communities: The Continuing Silence of Bourbaki—An Interview with Pierre Cartier, June 18, 1997." *The Mathematical Intelligencer* 20, no. 1 (1998): 22–28.

Serre, Jean-Pierre. *How to Write Mathematics Badly*. November 10, 2003. https://www.youtube.com/watch?v=ECQyFzzBHlo. Accessed August 24, 2017.

Sharp, John. *Surfaces: Explorations with Sliceforms*. St. Albans, UK: Tarquin, 2004.

Shen, Kangshen, John N. Crossley, Anthony Wah-Cheung Lun, and Hui Liu. *The nine chapters on the mathematical art: Companion and commentary*. Oxford, UK: Oxford University Press, 1999.

Sleeman, Derek H. "Solving Linear Algebraic Equations." *Mathematics in School* 13, no. 4 (1984): 37–38.

Slupinski, Marcus J., and Robert J. Stanton. "The Special Symplectic Structure of Binary Cubics." In *Representation Theory, Complex Analysis, and Integral Geometry*, edited by Bernhard Krötz, Omer Offen, and Eitan Sayag, 185–230. New York: Springer, 2012.

Smith, William P. "Editor's Note." *The American Statistician* 34, no. 251 (1980).

Sobel, Dava. *Galileo's Daughter: A Historical Memoir of Science, Faith and Love*. New York: Bloomsbury Publishing USA, 1999.

Stedall, Jacqueline A. *From Cardano's Great Art to Lagrange's Reflections: Filling a Gap in the History of Algebra*. Vol. 5. Zürich: European Mathematical Society, 2011.

参考文献

Stillwell, John. *Mathematics and Its History (Undergraduate Texts in Mathematics)*. New York: Springer, 1989.

Tardy, Christine. "The Role of English in Scientific Communication: Lingua Franca or Tyrannosaurus Rex?" *Journal of English for Academic Purposes* 3, no. 3 (2004): 247–269.

Tartaglia, Niccolò. *Quesiti et inventioni diverse*. Edited by A. Masoti. Brescia: Ateneo di Brescia, 1546. http://dx.doi.org/10.3931/e-rara-9183

Thompson, Clive. "The Year in Ideas: Outsider Math." *The New York Times*, December 15, 2002.

Thompson, Robert C. "Author vs. Referee: A Case History for Middle Level Mathematicians." *The American Mathematical Monthly* 90, no. 10 (Dec. 1983): 661–668.

Thurston, William P. "On Proof and Progress in Mathematics." *Bulletin of the American Mathematical Society* 30 (1994): 161–177.

van der Waerden, Bartel L. *Algebra*. Vol. 1. New York: Springer-Verlag, 1970.

van der Waerden, Bartel L., Emil Artin, Emmy Noether, and Fred Blum. *Moderne Algebra*. Berlin: Springer, 1937.

Villani, Cédric. *Birth of a Theorem: A Mathematical Adventure*. New York: Farrar, Straus & Giroux, 2015.

Walster, G. William, and Eldon R. Hansen. *Solving a Nonlinear Equation through Intervalic Arithmetic and Term Consistency*, US Patent 6,823,352 filed September 13, 2001, and issued November 23, 2004.

Whitehead, Alfred North, and Bertrand Russell. *Principia Mathematica to *56*. London: Cambridge University Press, 1970.

Wiedijk, Freek, ed. *The Seventeen Provers of the World*. New York: Springer, 2006.

Wikipedia. *Texas Instruments signing key controversy*. https://en.wikipedia.org/wiki/Texas_Instruments_signing_key_controversy. Accessed August 2, 2017.

Wilkinson, James H. "The Perfidious Polynomial." *Studies in Numerical Analysis* 24 (1984): 1–28.

Woodward, Chris. *Mathoverflow*. August 25, 2010. https://mathoverflow.net/questions/36596/refereeing-a-paper. Accessed July 14, 2017.

You, Jia. "Who Are the Science Stars of Twitter?" *Science* 345, no. 6203 (2014): 1440–1441.

Zeilberger, Doron. *Dr. Z's Opinions*. 2018. http://sites.math.rutgers.edu/~zeilberg/OPINIONS.html. Accessed February 3, 2018.

Zukav, Gary. *The Dancing Wu Li Masters*. New York: Bantam Books, 1980.

0 省略された　ix, **1**, 12

1 一行の　**3**, 44

2 二列の　**5**, 42

3 図による　**7**, 68

4 初等的な　**9**, 24, 136

5 パズル風の　**11**, 166

6 公理的な　viii, 8, **13**, 22, 28, 148, 212, 230, 251, 252

7 発見された　viii, **19**, 22, 42, 74, 112

8 必修科目風の　**21**

9 単音節の　**23**, 249

10 言葉抜きの　**25**, 152

11 試験　**27**

12 定規とコンパス　8, **29**, 96, 226

13 背理法による　10, **31**, 34, 44

14 対偶による　32, **33**

15 行列による　**35**, 42

16 古代の　viii, **37**, 40, 206

17 解釈された　38, **39**

18 ギザギザの　6, **41**, 112, 148

19 専門用語による　**43**, 46

20 定義による　**45**

21 黒板　8, **49**

22 代入による　10, 42, **51**

23 対称性による　**53**

24 もう一つの対称性による　36, 54, **55**

25 開かれた協働　20, 42, 50, 58, **59**, 72, 78, 142, 176, 222

26 聴覚による　viii, **65**

27 アルゴリズム的な　**67**, 70

28 フローチャートによる　**69**

29 模型による　**71**, 200, 206

30 公式による　2, 20, **73**, 88

31 反例による　74, **75**, 78

32 もう一つの反例による　**77**

33 微積分学による　16, **79**, 148, 251

34 中世の　**81**, 88, 190

35 活字組みによる　84, **85**, 204

36 ソーシャルメディア　**89**

37 予稿による　88, 90, **91**

38 式の列挙による　**93**

39 折り紙　**95**

40 帰納法による　**97**

41 新聞風の　30, **99**

42 解析的な　**101**, 148

43 シナリオ風の　20, **103**, 166

44 熟慮の末に省略された　**109**, 251

45 口頭での　**111**

46 キュートな　**113**, 242

47 気の利いた　30, 52, 94, 114, **115**

48 コンピュータを用いた　**117**, 192

49 部外者による　**119**

50 色による　**121**

51 トポロジー的な　102, **123**

52 古色を帯びた　16, 26, **125**

53 傍注付きの　**129**

54 樹状の　102, **133**

55 前置記法による　**135**, 138

56 後置記法による　136, **137**

57 電卓による　**139**

58 発明家のパラドックス　**141**

59 特許風の　70, **143**

60 幾何学的な　96, **145**

61 現代風の　viii, **147**, 180

62 軸測投象的な　viii, 26, **149**, 234

63 封筒の裏の　**153**

64 研究セミナーでの　22, **155**, 160

65 お茶の時間　156, **157**

66 手振りによる　**161**, 248

67 近似による　**163**, 226

68 文章題　12, **165**, 200

69 統計的な　102, **167**, 188, 194

70 もう一つの中世の　**169**, 176

71 ブログによる　172, **173**

72 英語以外の言語による　**177**, 180

73 英語以外の別の言語による　178, **179**, 208

74 英語以外のさらに別の言語による　**181**, 249

75 計算尺を使った　140, **187**

76 実験的な　**189**, 238

77 モンテカルロ法による　190, **191**

78 確率的な　168, **193**

79 直観主義的な　32, **195**

証明索引

80 偏執狂的な　92, **197**
81 狂詩風の　108, 132, **199**
82 矛盾による　32, **201**, 203, 204
83 親書による　202, **203**
84 表による　40, 164, **205**
85 取り尽くしによる　**207**
86 もう一つの代入による　**209**
87 力学的な　**213**
88 対話による　42, **215**, 222
89 独白による　218, **219**

90 逆行による　**223**
91 神秘主義的な　**225**, 228
92 査読された　**227**
93 新造語を用いた　**229**
94 権威に寄りかかった　228, **231**
95 一人称による　**233**
96 静電気学による　viii, **235**
97 サイケデリックな　192, **237**
98 語呂合わせ　**241**
99 指示による　**243**, 251

アイゼンマン、ピーター　152

アッシュベリー、ジョン　244

アッペル、ケネス　118

アリギエリ、ダンテ　200

アルキメデス　108, 198, 214

イータン、ジャン　64

ヴァシリエフ、ニコライ・A　202

ヴァンツェル、ピエール　100

ヴィエト、フランソワ　116

ヴィラーニ、セドリック　204

ウィルキンソン、ジェームズ　164

ヴェイユ、アンドレ　252

ウォリス、ジョン　98

ウカシェヴィチ、ヤン　136

ウマスポ　90

ウラム、スタニスワフ　90, 192

ウリポ　vii, 24, 88

エイブラハム、ラルフ　238

エムチ、アーノルド　72

エルデシュ、ポール　261

オイラー、レオンハルト　232, 234

オーディン、ミシェル　viii, 178

オルデンバーグ、ヘンリー　198

オーレム、ニコル　84

カジョリ、フロリアン　98

ガリレイ、ガリレオ　vii, ix, 198, 226

カルヴィーノ、イタロ　viii, ix

カルダーノ、ジローラモ　20, 22, 76, 99, 103,
　106, 108, 112, 226

カルマン、オリヴァー　208

カルマン、ダン　230

ガワーズ、ティモシー　64, 218

カンテリ、パオロ　194

ギ、エティエンヌ　8, 94

キャロル、ルイス　200, 242

クヌース、ドナルド　88

クノー、レーモン　vii, viii, 24, 90, 146, 212,
　245

クライン、フェリックス　236

グロスホルツ、エミリー　2

ケプラー、ヨハネス　vii, 198

ゲンツェン、ゲルハルト　134

コーエン、ジョエル・S　68

コサック、ローマン　203, 204

コルヴィス、ジョン・P　119

コンウェイ、ジョン・ホートン　22, 24

ザイルバーガー、ドロン　176

サーストン、ウィリアム　80, 160

サミュエルソン、ポール　168

サミュエル、ピエール　90

シップマン、ジョセフ　22

シュヴァレー、クロード　102

スミス、ウィリアム・P　194

セール、ジャン＝ピエール　8, 232

タイソン、ニール・ドグラース　90

ダ・ヴィンチ、レオナルド　99

タオ、テレンス　64

ダ・コイ、ツァンネ・デ・トニーニ　99

ターディー、クリスティーン　180

ダドリー、アンダーウッド　12

タルターリア、ニコロ　20, 99, 103–107, 200

デカルト、ルネ　110

デュエム、ピエール　176

デュシェーヌ、リュドミラ　viii

デュシャン、マルセル　viii

デュ・ソートイ、マーカス　90

テラーニ、ジュゼッペ　152

デルサルト、ジャン　252

デル・フェッロ、シピオーネ　20, 91, 108

ドイル、ティム　26

ニッカーソン、ジェームズ　186

ヌーニュス、ラファエル　162

ネーター、エミー　16, 148

ネッツ、リヴィエル　52

ノーグラディー、H. A.　206

ハイヤーム、ウマル　91, 110, 172

パウロス、ジョン・アレン　90

バーグレン、レン　172

ハーケン、ヴォルフガング　118

ハーシュ、ルーベン　251

パチョーリ、ルカ　99

ハルモス、ポール　4, 190

273

人名索引

バーン、オリヴァー　122

ビーベルバッハ、ルートヴィッヒ　180

ヒルベルト、ダーフィト　16, 212

ファインマン、リチャード　122

ファン・デル・ヴェルデン、B. L.　148, 180

フィボナッチ、レオナルド　84

フェッラーリ、ルドヴィコ　103–107

フェルマー、ピエール・ド　98

フェルミ、エンリコ　154

フォン・ノイマン、ジョン　218

ブート、レーモン　42

ブラウワー、L. E. J.　32, 196

ブラッフォール、ポール　90

ブラニー、マイケル　50

ブルバキ、ニコラス　16, 230

フール、マラン　208

ペアノ、ジュゼッペ　16

ヘイルズ、トーマス　118

ペタール、H.　viii, 124

ベルジュ、クロード　viii, 90

ヘルプスト、パトリシオ　6

ペレック、ジョルジュ　viii

ベロ、マルガリータ　96

ボアズ、ラルフ　230

ポアンカレ、アンリ　236

ホイヘンス、クリスティアーン　198

ホイロップ、イェンス　40

ホーナー、ウィリアム　146

ホームズ、シャーロック　110

ポリア、ジョージ　10, 32, 142, 222

ボルツァーノ、ベルナルド　102

ボロビック、アレクサンドル　96

マクリリー、ジョン　ix, 90

マックレーン、ソーンダース　148

マッケンジー、ドナルド　50

マーミン、デヴィッド　230

マレー、エティエンヌ゠ジュール　162

マレック、ヴィクター　208

メイザー、バリー　38

メトロポリス、ニック　192

ラカトシュ、イムレ　64, 78, 128, 222

ラグランジュ、ジョセフ゠ルイ　58

ラシッド、ロシュディ　176

ラトナー、マリナ　94

ラドナー、リチャード　186

ラブアン、ダヴィッド　36

ランポート、レスリー　42

リトルウッド、J. E.　239

リル、エデュアルト　146

リンドホルム、カール　218

ルブラン、アニエス　viii, 88

ルーボー、ジャック　viii, 90

ル゠リヨネ、フランソワ　vii, 90

レイコフ、ジョージ　162

レイバ、イサベラ　176

ロタ、ジャン゠カルロ　16, 90, 162

ロバーツ、シオバーン　24

ロビンス、マーティン　100

著者紹介

フィリップ・オーディング（Philip Ording）
サラ・ローレンス大学教授。幾何学、トポロジー、および数学と芸術の関わりに興味をもつ。

訳者紹介

冨永　星（とみなが・ほし）
翻訳家。1955年生まれ。京都大学理学部数理科学系卒。国立国会図書館司書、イタリア大使館・イタリア東方学研究所図書館司書、自由の森学園教員を経て、現職。『知の果てへの旅』（新潮社）、『若き数学者への手紙』（筑摩書房）、『MATHEMATICIANS』（森北出版）、『時間は存在しない』（NHK出版）など訳書多数。2020年度日本数学会出版賞受賞。

編集担当　福島崇史（森北出版）
編集責任　富井　晃（森北出版）
組　　版　ブレイン
印　　刷　丸井工文社
製　　本　ブックアート

1つの定理を証明する99の方法　　　　版権取得　2019

2021年1月21日　第1版第1刷発行　　【本書の無断転載を禁ず】

訳　　者　冨永　星
発行者　森北博巳
発行所　森北出版株式会社
　　　　東京都千代田区富士見 1-4-11（〒102-0071）
　　　　電話 03-3265-8341／FAX 03-3264-8709
　　　　https://www.morikita.co.jp/
　　　　日本書籍出版協会・自然科学書協会　会員
　　　　JCOPY ＜（一社）出版者著作権管理機構　委託出版物＞

落丁・乱丁本はお取替えいたします.

Printed in Japan／ISBN978-4-627-06261-0